幽默表达力

刘薇 ◎◎ 著

民主与建设出版社
·北京·

© 民主与建设出版社，2019

图书在版编目（CIP）数据

幽默表达力 / 刘薇著 . — 北京：民主与建设出版
社，2019.9
ISBN 978-7-5139-2581-5

Ⅰ . ①幽… Ⅱ . ①刘… Ⅲ . ①幽默（美学）—通俗读物
Ⅳ . ① B83-49

中国版本图书馆 CIP 数据核字 (2019) 第 164586 号

幽默表达力
YOUMO BIAODALI

出 版 人	李声笑	
著　者	刘　薇	
责任编辑	胡　萍	
装帧设计	尧丽设计	
出版发行	民主与建设出版社有限责任公司	
电　话	（010）59417747　59419778	
社　址	北京市海淀区西三环中路 10 号望海楼 E 座 7 层	
邮　编	100142	
印　刷	大厂回族自治县彩虹印刷有限公司	
版　次	2019 年 9 月第 1 版	
印　次	2019 年 9 月第 1 次印刷	
开　本	880mm×1230mm　1/32	
印　张	6	
字　数	140 千字	
书　号	ISBN 978-7-5139-2581-5	
定　价	39.80 元	

注：如有印、装质量问题，请与出版社联系。

　　"幽默"由英文"Humour"一词音译而来。最初将幽默引入中国的便是林语堂，林语堂先生解释说："凡善于幽默的人，其谐趣必愈幽隐；而善于鉴赏幽默的人，其欣赏尤在于内心静默的理会，大有不可与外人道之滋味。与粗鄙的笑话不同，幽默愈幽愈默而愈妙。"俄国文学家契诃夫说："不懂得开玩笑的人是没有希望的人！这样的人即使额高七寸、聪明绝顶，也算不上真正有智慧的人。"可以说，幽默是人类智慧的产物，是一种高品位的情感活动和审美活动，任何平淡庸劣的价值取向和因循固陋的思维方式都不能称之为幽默。

　　许多事实已经证明，成百上千句的苍白言语，往往抵不过一句幽默的妙言。一句幽默的话可以让剑拔弩张的气氛缓和下来，也可以让陷入僵局的谈判起死回生，可以让你成为众人瞩目的焦点，可以让初次见面的异性对你一见钟情，也可以让你博得他人的同情和爱心。幽默不仅是生活的调味剂，也是工作的润滑剂，爱情的兴奋剂，家庭生活的黏合剂，仇敌宿怨的稀释剂。说话幽默的人，事事都顺利，人人都喜欢。

　　很多人以为，幽默说话的本领是与生俱来的。只有天生有幽默感的人，才可以妙语连珠，逗得别人捧腹大笑；而那些没有幽默感的人，只能一辈子低头做个"闷葫芦"。这种观点自然是错误的，作为一种艺术形式，幽默是可以后天培养的。掌握了一些基本的幽默表达技巧，你在跟人交往时就能够更如鱼得水，自己也会因此而变得善解人意、灵活机智，你的人生也会拥有更多乐趣和成功。

《幽默表达力》向读者阐释了"小幽默大智慧"的道理，并通过分析和解读不同场景下的小幽默，给读者提供相应的策略。另外，书中还列举了大量的幽默说话案例，旨在教会读者如何制造幽默、运用幽默，并让读者身临其境，在最短的时间内领会幽默说话的真谛。

天下事成始于勤，没有反复训练的精神，不肯勤于实践，什么样的幽默技巧都很难让你取得应有的成效。所以，读者应该多学多练、活学活用，只有这样才能将幽默表达的力量发挥到极致。

目录 CONTENTS

第一章

懂幽默的人，从来不会输在表达上

著名作家王蒙说过："幽默是一种成人的智慧，一种穿透力。"许多事实已经证明，成百上千句的苍白言语，往往抵不过一句幽默的妙言。真正的幽默是智慧的闪现，发人深思，让人舒服，而不是讲段子、抖机灵。总之，说话幽默的人，到哪里都受欢迎。因此，把说话练好，是很划算的事。

你了解多少幽默形式

幽默的形式多种多样，有冷幽默、灰色幽默、黑色幽默、歇后语式幽默、透明式幽默、禅式幽默、方言式幽默……每一种形式都有其独特之处，也都可以产生令人捧腹大笑的效果。下面对几种常见的形式做简要的分析。

1. 冷幽默

冷幽默指的是一种刚听时不觉得好笑，仔细想想却让人回味无穷的幽默。制造冷幽默时，当事人往往一本正经，装作在说一件非常严肃的事情的样子，并没有刻意地要达到幽默的效果，而是在不经意间自然流露出幽默。它的结局在情理之中，又在意料之外，与人们的思想逻辑相违背，让人听后发愣、不解、深思、顿悟、大笑。

男孩陪同女孩在医院打点滴，见女孩一直盯着点滴瓶笑，以为周围发生了什么好笑的事，于是四处张望，却什么也没发现。

看到女孩依然笑个不停，男孩忍不住问："你在笑什么？"

女孩回答说："我笑'点滴'（点低）啊。"

这就是典型的冷幽默，利用同音词产生笑点。叙述时平平淡淡，结局却出人意料，从而营造出一种喜感。

2. 灰色幽默

灰色幽默指的是一种表达人内心郁闷、消极的幽默。它被人们用以发泄不满情绪，有一种自我解嘲、自我安慰的味道。

某地有一名男子，由于做生意失败，妻子又离开了他，万念俱灰之下起了自杀的念头。他抱着必死的决心来到桥上，准备跳河自杀。

民警闻讯赶到，苦苦相劝，可是男子一句不听，非死不可。等到这名男子真的要跳河时，看了一下河里的水，突然改变了主意，转身就要离开。

站在一旁的人不明所以，好奇地问："你怎么突然又想开了？"

男子抱怨："河里的水被污染成什么样了，都黑了！我实在忍受不了，真是想死都死不了啊！"

这就是一则典型的灰色幽默：你连死都不怕了，还怕河里的水黑吗？

3. 黑色幽默

黑色幽默以悲观主义为思想基础，用一种不以为然的态度把痛苦转化为玩笑，用喜剧的方式演绎悲剧。它产生的绝不是愉悦感，而是一种发自内心的苦涩，目的是引导人们去思考现实的冷酷无情。

4. 歇后语式幽默

歇后语式幽默是许多人经常使用的一种表达技巧。它分为前后两个部分，前半部分制造悬念，后半部分产生喜感，是一种通过话

语转折达到幽默效果的语言艺术。比如：光着屁股推磨——转着圈
丢人。

5. 透明式幽默

透明式幽默指的是把心里话用幽默的形式直截了当地摆在台面
上，没有包袱、伪装的幽默，不需要听者去费心琢磨，也不会给听
者带来低沉、消极的心境。这种幽默听过笑过转眼即忘，不会给听
者带来任何负担。在社交场所，这种幽默最为常见。

6. 禅式幽默

禅式幽默是一种充满了智慧的幽默，重点在于一个"悟"字，
需要听者仔细回味才能领悟笑点所在。一般情况下，这种幽默方式
仅仅适用于文化水平比较高的人群。因为只有具备一定学识、阅历
的人，才能在短时间内领悟到禅式幽默所蕴含的道理。

7. 方言式幽默

方言式幽默指的是利用普通话和地方语言之间的差异制造出的幽
默。中国地域辽阔，各个地方的语言发音不尽相同，有的甚至存在很
大的差异，当两种差异很大的方言相遇的时候，很容易产生误会，进
而制造出幽默的效果。不过，这种幽默形式不能过度使用，因为内心
敏感的人很容易把它当成地域歧视，结果可能会适得其反。

运用幽默，能使沟通无往不胜

在实际生活与工作中，我们会遇到各种各样令人头疼、难堪的交际场合，假如处理不好，就可能给自己招来不必要的麻烦，甚至陷入窘境。不过，假如我们能够急中生智，巧妙运用幽默化解，那么，我们就能变得游刃有余。

中国民间有一句俗话，叫"到什么山头唱什么歌"。幽默也是如此，在什么场合说什么话。巧妙利用场合和氛围，让谈话意图、内容与场合协调一致，更便于对方理解和接受。比如，在一些重大的社交场合，由于各种原因，有时难免会遭遇冷场，此时如果我们能够不时穿插一些小幽默，不仅可以活跃气氛，还能赢得他人的好感，得到众人的支持与理解。

一次，著名作家王蒙应邀到上海某大学演讲。

他走到讲台上，发现台下的同学们积极性并不是很高。于是，他在开场白中说："由于我这几天身体不太好，感冒咳嗽，不太能说话，还请大家谅解。不过，我想这也不一定是坏事，这是在时刻提醒我多做事少说话……"

王蒙这段幽默的开场白立刻把台下同学的情绪调动了起来。随后，在整个演讲过程中，王蒙幽默不断。在座的学生完全被他的演说吸引，掌声不断，甚至在演说结束后，有些同学依旧恋恋不舍。

幽默是具有温度的，偶尔来点小幽默能使语言"升温"。可以毫不夸张地说，幽默是缓解冷场、赢得人心的绝佳方式。

在一些公共场合，有时难免会遇到一些突发状况，让我们陷入尴尬的境地。这时，我们不妨来点幽默，这样不仅能缓和紧张的气氛，还能更快更好地解决问题，使局面重新得到控制，也使自己摆脱尴尬的处境。

古时候，有一个人为了讨好一位官员，在市场上买了5只来自异国他乡的鹦鹉，准备献给官员。可是，按照这个国家的习俗，"6"才是一个吉利的数字。假如只送5只，他担心这位官员会生气。思之再三，他决定混一只本国的鹦鹉进去，凑够6只进献给这位官员。

官员看到6只鹦鹉，果然非常高兴。可是，当他仔细玩赏一遍后，突然发现有一只本国的鹦鹉混在其中，立即生气地问："你告诉我这是怎么回事？莫非你是故意欺骗我孤陋寡闻吗？"

这个人早就想好了对策，于是不慌不忙地解释道："大人果然好眼力，可是大人有所不知呀，这只本国的鹦鹉是其他5只鹦鹉的随行翻译啊！"

官员一听，虽然明知道他的话十分荒谬，但是见他奉承得体，最后还是嘉奖了他。

一句机智幽默的话，不仅化解了自己的尴尬，还得到了官员的嘉奖，真是高明至极啊！在这种场合依然能如鱼得水，可见没有幽默是不行的。

总之，无论在什么场合，幽默都像润滑剂一样协调着人们的关系，比如解救冷场、应对意外、维护利益与尊严等。所以，只要我们学会运用幽默，我们在任何场合就都能如鱼得水，沟通无往不胜。

越有幽默感，语言就越有魅力

　　一个人的魅力可以来自美貌，可以来自才学，当然也可以来自幽默。因为幽默可以展现说话者的素养、风度和个人魅力。幽默不仅能给周围的人带来欢乐，还能提高个人的语言魅力，为谈话者锦上添花。

　　幽默是对一个人语言能力更高层次的要求。无论是生活上还是事业上，幽默的生活都有助于提升一个人的魅力指数。看看我们身边的社交达人，大多数都是极具幽默感的人。假如你觉得自己是一个缺少魅力的人，那就要努力培养自己的幽默感，因为幽默会让你在人际交往中魅力四射。

　　马尔科姆·萨金特是美国著名的音乐指挥家和风琴手。在他70岁诞辰时，许多记者都来贺寿。

　　在众多嘉宾中，有一名记者朋友问他："您能活到70岁高龄，请问应该归功于什么？"

　　马尔科姆·萨金特想了想，回答说："我认为必须归功于这一事实，那就是我没有死。"

　　第二天，当报纸刊登出这一新闻之后，许多原本并未关注马尔科姆·萨金特的人都开始到处打听他的消息。

幽默就是具有这么大的魔力！马尔科姆·萨金特一句具有幽默感的话，既给周围的人带来了欢乐，也使自己备受他人的关心和瞩目。由此可见，在与他人交往时，一个小小的幽默，往往能增强自己的魅力指数，让你在瞬间吸引众人的目光，并让他们更愿意接近你。

一群学生请教爱因斯坦："什么是相对论？"

爱因斯坦举了个生动的例子："这么说吧，如果让你跟一位美丽的姑娘坐在一起两个小时，你会觉得好像只坐了一分钟；但是如果是坐在炙热的火炉边，哪怕让你坐一分钟，你也会觉得好像已经坐了两个小时。这就是相对论。"

那群学生听后大笑，无不为爱因斯坦的睿智叹服。

如果语言是心灵的桥梁，那么幽默便是桥上行驶最快的列车。它穿梭在此岸和彼岸之间，时而鲜明、时而隐晦地表达着某种心意，并以最快捷的方式直抵人的心灵深处，提升幽默者在其他人心中的分量和其人格魅力。

幽默说话，让你更具亲和力

亲和力指的是交际者之间的亲切感、密切感、信任感。它具有互动性，可提升关注度和接受度。细心的人都能发现，但凡取得突出成就的人，都具有较强的亲和力，无论走到什么地方，都会备受追捧和拥戴。

大家都有这样的体会，跟幽默风趣的人交流，会有一种轻松、愉快的感觉；跟不懂得开玩笑的人聊天，会有一种压抑、窒息的感觉。比如，朋友聚会时，彼此说说笑笑，气氛就会很融洽。上司给下属开会时，上司不苟言笑、拉长脸，下属沉默不言、垂着脑袋，气氛就会十分压抑；如果上司妙语连珠，不时说几句俏皮话，或者和下属开一下玩笑，就可以缓和紧张的气氛。

可见，幽默可以提升一个人的亲和力，因此，要想增强亲和力，就要善用幽默，让自己变得幽默起来。也就是说，你应该先幽默起来，才有助于你成为一个富有亲和力的人。

也许你相貌平平，不是人群中的焦点；也许你普普通通，不是一个成功人士，没关系，这些都不影响你成为一个幽默的人。一个懂得幽默的人，就像拥有了能够春风化雨的魔力，能使紧张的气氛轻松起来。

英国著名女影星玛丽非常喜欢游泳。可是，她中年开始发福，越来越没有游泳的勇气，最后竟然不再游泳了。

在一次记者招待会上，一名记者非常直接地问道："玛丽女士，请问您是因为太胖、害怕出丑才不去游泳的吗？"

玛丽幽默地回答说："我并非因为太胖才不去游泳的，实际上我是因为害怕我们的空军战士在天上看到我后，误以为他们又发现了一个新岛屿。"

这名记者提出的问题明显带有挑衅性，可是玛丽在回答时并没有回避自己胖的事实。相反，她巧妙地利用幽默、夸大，竟然把自己比作一个岛屿，令记者大跌眼镜。

许多明星都喜欢在人前摆架子，装腔作势，回避自己的缺陷，玛丽却用自嘲式的幽默，揭去虚伪的面纱，摆脱了尴尬之境的同时还展现了她的亲和力，进而轻松拉近了与听众的距离。通过这种自嘲式幽默，她既保全了自己的面子，又博人一笑，赢得了人心。

幽默不仅是公众人物需要的沟通技巧，普通大众同样不可或缺。

学校里新调来一位老师，要给同学们上一堂观摩课，听课的不仅有第一次见面的学生，还有学校里的各位资深教师，以及教务处的各位领导。

为了消除彼此之间的陌生感，展现自己的亲和力，新老师在讲课之前先做了自我介绍。他风趣地说："各位领导、老师、同学们，大家好！我来自美丽的旅游城市桂林，我姓钱，不是'前程似锦'

的'前'，而是'没有钱'的'钱'。"

一句幽默的开场白瞬间把同学们和在场观摩的领导及老师们逗得哈哈大笑，新老师跟大家的距离也因此缩短了很多。随后，新老师抑扬顿挫，娓娓道来，课堂上时不时传出欢快的笑声和热烈的掌声。

新老师通过幽默的开场白，提升了自身的亲和力，消除了与同学、老师、领导们之间的陌生感，最终推动了观摩课的顺利进行。由此可见，幽默可以极大地提升一个人的亲和力，它不仅可以营造一种轻松、和谐的氛围，还可以迅速缩短人与人之间的心理距离。

提升自身修养，从内在修炼幽默

有位哲人说："世界上没有哪一位伟大的革命家、艺术家是没有幽默感的。"幽默既是一种优美的、健康的品质，又是一门学问、一种修养。知识是孕育幽默的沃土，幽默是知识的产物。掌握广博的知识、提高个人修养，才能把幽默运用得得心应手。

幽默蕴含着思想、语言行为、情绪、仪态等各种因素，是一个人内在修养的体现。因此，幽默的口才需要很长一段时间才能练成。一个人若只有语言能力，并不足以使其广受欢迎，还必须要有一颗非同寻常的心。也就是说，幽默的口才不能只靠语言完成，还要靠深厚的修养。

在一辆拥挤的公交车上，一位男士因为司机急刹车而不慎撞入一位女士的怀中。这位女士暴跳如雷，认定这位男士是故意占她便宜，于是大声骂道："德行！"

听到骂声，许多人投来好奇的目光。该男士立即回应："对不起，小姐，不是德行是惯性！"

听到男士的话，女士不好意思地低下了头，周围传来一阵笑声。

幽默是瞬间的灵思，但形成幽默的思维少不了丰富的学识和深厚的涵养。所谓深厚的涵养，指的是内在的承受力与胸怀。

服务员："先生，您吃什么？"

顾客："来个白菜炖豆腐吧！"

服务员："不好意思，先生，店里现在没有白菜了。"

顾客："那就来个西红柿炒鸡蛋吧！"

服务员："不好意思，也没有鸡蛋了。"

顾客："那我知道要什么了，豆腐炒西红柿肯定有了吧？"

服务员大笑不止。

幽默并非讽刺，它或许带着温和的嘲讽，却不会刺伤对方，从而体现出一个人的修养和人格魅力。幽默高手具有宽宏博大的胸怀，他们大多宽厚仁慈，富有同情心。他们并非超然物外地看破红尘，而是持有一种积极豁达的人生观念和处事态度。

那么，怎样才能通过提升修养让自己的谈吐变得幽默起来呢？可以从以下两个方面做起：

1. 领会幽默的内在含义

正如一位名人所说："浮躁难以幽默，装腔作势难以幽默，钻牛角尖难以幽默，捉襟见肘难以幽默，迟钝笨拙难以幽默，只有从容，平等待人，超脱，游刃有余，聪明透彻才能幽默。"许多人把油腔滑调、嘲笑、讽刺当作幽默，总是攻击他人的缺陷，实际上这并不是真正的幽默，而是缺乏修养和素质低下的表现。

2. 陶冶情操

心态对于培养幽默谈吐非常重要。幽默是乐观和宽容精神的体现，要学会幽默，就要学会宽以待人，善于体谅他人，而不要斤斤计较。同时还要乐观一些，因为乐观是幽默最亲密的朋友，只有乐观对待现实的人，其谈吐才能充满幽默。

总之，修炼幽默时一定要牢记：一个思想消极、心胸狭窄的人，其言语一般很难充满趣味；只有那些心宽气明、对生活充满热情的人，其言语才能发挥出幽默的力量和光芒。

幽默是生活中必备的良药

幽默是生活的调节剂，它不仅可以淡化人的消极情绪，也有助于消除沮丧与痛苦。一个具有幽默感的人，可以从自己不顺心的境遇中发现快乐，从而使自己的心理达到平衡。可以毫不夸张地说，阳光生活从幽默开始，幽默是面对困境时减轻精神压力和心理压力的有效方法。

有这样一个人，他用积攒了几年的钱买了一辆小汽车。一次，他教妻子开车，车子在下坡时，刹车突然失灵了。

妻子大惊失色地叫道："车停不下来了，我该怎么办？"

他回答说："祈祷吧！亲爱的。性命最要紧，不过你要尽量挑选比较便宜的东西去撞！"

最后，车子撞在路旁的一个垃圾桶上，车头被撞坏了，不过好在夫妻二人都安然无恙。

当他们从车内爬出来时，并没有为损失了一大笔财产而难过，反而为刚才的那段对话大笑不止。

有时候，事情已经发生，就无可挽回，那又何必再为其难过呢？如果我们都能像这对夫妇一样，抱着这种乐观的生活态度，以幽默的方式对待不幸，我们就一定会生活在欢声笑语之中。

　　欢乐和笑声是人们生活中必备的良药，它能够让人们保持一种乐观的生活态度。而幽默则是制造欢乐和笑声的绝佳工具，只要有幽默存在，就能让人放松心情。懂得幽默的人，既不会因为别人的冒失而抱怨，也不会被生活中的挫折击垮。在他们的眼中，世界是五彩缤纷的，是充满希望与美好的。

　　启功先生是中国知名的书画家，他的前半生可谓充满了坎坷和艰辛。他1岁丧父，母子二人便由祖父供养。10岁时祖父过世，家道中落，一贫如洗。靠祖父门生的鼎力相助，他才勉强读到中学，但是并没有毕业。

　　启功成名之后，经常有人模仿他的笔墨在市面上出售。

　　一次，他与几个朋友在书画市场发现了好几幅"启功"的字，字模仿得很到家，连他的朋友都难以辨认，就问道："启老，这是你写的吗？"

　　启功微微一笑，夸赞道："比我写得好，比我写得好！"众人听了都哈哈大笑。

　　突然路旁有一人问："我有启功的真迹，有要的吗？"

　　启功说："拿来我看看。"那人把字递给他。

　　此时，启功的朋友问卖字幅的人："你认识启功吗？"

　　那人很自信地说："认识，是我的老师。"

　　朋友转问启功："启老，你有这个学生吗？"

卖字幅的人听了连忙道歉，哀求道："实在是因为生活困难才出此下策，还望老先生高抬贵手。"

启功宽厚地笑道："既然是为生计所迫，仿就仿吧，可不能模仿我的笔迹写不好的标语啊！"

生活的坎坷与曲折并没有击垮启功先生，他反而更加乐观豁达、待人宽厚，以幽默的生活态度对待这个世界。可见，幽默的生活态度体现在一种心境、一种状态、一种豁达之上。

幽默是阳光生活的必备品，是一种美德，也是一种快乐。因此，在遇到不顺心的事或难对付的人时，不妨笑一笑，以幽默对待，不要把挫折看得太重，更不要自寻烦恼。要知道，用乐观、豁达、体谅的心态对待不顺心的事或难对付的人，就会看出事物美好的一面；用悲观、苛刻、狭隘的心态对待不顺心的事或难对付的人，就会觉得世界是一片灰色。

第二章

必备修炼术，把幽默变成一种内在的才华

要想变身幽默达人，就要学几招必备幽默技巧。顺水推舟、自相矛盾、迂回作战、一语双关、埋下伏笔、巧用反语、巧用夸张、偷梁换柱……这些都是简单、有效的幽默技巧。通过本章的学习，你会轻松变身为幽默达人。

借用双关，一句话就能让对方听明白

一语双关，可以掩盖攻击锋芒，让对方在表面上处在毫无锋芒的语意里，同时又能体会到说话者的真正意图。它是一种含蓄委婉的表达方法，可使辩者变守为攻，变被动为主动，又可以借机讽刺对方，令人回味无穷。

总之，一语双关式的幽默能充分体现出一个人的智慧，假如运用得恰当，就可以帮助你迅速摆脱眼前的窘境，维护自己的面子，同时又让人会心一笑。

郁达夫是中国著名的作家。一次，他请朋友到一家饭馆吃饭，由于害怕把钱弄丢了，就把钱塞进了自己的鞋垫底下。

两人吃过饭后，郁达夫大大方方地脱下鞋子，把钱从鞋垫底下取了出来，准备结账。看到这一幕，朋友很震惊，不解地问："你为什么把钱放到鞋垫底下？"

郁达夫风趣地叹了口气，回答说："过去，这个东西一直压迫我，如今轮到我压迫它了！"

如果按照常理分析，把钱藏在鞋垫底下多多少少有些丢脸，郁达夫却不以为意，反而来了个幽默调侃。郁达夫用了"压迫"二字的双关意思，强调了"压迫"的政治含义，既能让人会心一笑，又能让人感受到他的率真。

同类的例子有很多，比如，美国前总统福特说话时就喜欢用一语双关。一次，他回答记者的提问时说："我是一辆福特，不是林肯。"林肯是当时美国的总统，同时又是一种高级汽车，而福特在当时则是一种大众化的汽车。福特总统借用一语双关，既表达了自己的谦虚之意，又突显了自己是深受大众喜爱的总统。

在中国著名小说《红楼梦》中，有这样一段有趣的对话：

鸳鸯道："什么话？你说罢。"

他嫂子笑道："你跟我来，到那里我告诉你，横竖有好话儿。"

鸳鸯道："可是大太太和你说的那话？"

他嫂子笑道："姑娘既知道，还奈何我！快来，我细细的告诉你，可是天大的喜事。"

鸳鸯听说，立起身来，照他嫂子脸上下死劲啐了一口，指着他骂道："……什么'好话'！宋徽宗的鹰、赵子昂的马，都是好画儿。什么'喜事'！状元痘儿灌的浆儿又满是喜事。怪道成日家羡慕人家女儿做了小老婆……"

鸳鸯被贾母长子贾赦看上，一帮人帮忙、躲避、旁观、相怜的各色俱全。鸳鸯的嫂子以为这是天大的好事，于是不知趣地前来劝说，结果被鸳鸯兜头泼了一瓢冷水。她骂道："什么'好话'！宋徽宗的鹰，赵子昂的马，都是好画儿。什么'喜事'！状元痘儿灌的浆儿又满是喜事。怪道成日家羡慕人家女儿做了小老婆……"这里的"话"和"画"就是一语双关，讽刺意味十足。

这种双关叫谐音双关，我们常说年年有余（鱼），就是典型的谐音双关。我们常看到的年画上那个抱着一条大鲤鱼的胖小子，画中的鱼就是一语双关，既是真实的鱼，又是年年有余的"余"。

谐音双关要求辩者有丰富的想象力和发散思维的能力，可以透过某个语句表明的意思看透它隐含着的特殊含义，然后选择一种符合我们观点的相关意思，做出巧妙的解释。

运用双关手法时，要注意以下几个问题：

1. 不可低俗

说话要讲究文明，讲究文雅，这样才能以理服人。有些人使用双关时，说出的话像泼妇骂街一样不堪入耳。虽然也有可能凭一时的口舌之快占尽上风，却因为低俗而令人不齿。

2. 隐藏幽默

一语双关的要点是隐藏幽默。运用这种手法，最基本的要求是含而不露，假如忽视了这一点，就会失去讽刺、风趣的特点。

3. 命中要害

我们要善于发现对方的破绽，找出对方的要害。只有命中要害，才能让对方张口结舌，没有还口之力。

断章取义，荒谬的话也能博人一笑

关于断章取义，大家可能都不陌生。有些媒体几乎每天都会将某个明星或者重要人物的话断章取义，以便制造出轰动效应，吸引读者的眼球。在某家报纸上，出现过一个有趣的标题："主教：纽约有夜总会吗？"真的是如此吗？

一位主教前往纽约，刚下飞机就被记者团团围住。有记者故意习难，问他："您想上夜总会吗？"主教不想正面回答问题，便笑着反问："纽约有夜总会吗？"

于是，第二天早上，这家报纸的头版头条刊登出这样一则新闻："主教走下飞机后的第一个问题：纽约有夜总会吗？"

主教的确说过"纽约有夜总会吗"，但在当时的语言环境中，这种反问仅仅是进行自我保护，并不具备语言字面所表述的含义。但当这句话被单独拿出后，主教的真实意愿跟话语字面含义就截然相反了。人们只看到这句话，就会觉得："这位主教大人看来不是正经人哪！"

生活中，大家不要随便断章取义，扭曲别人的真实意愿。但是，如果有改善谈话氛围的需要，也可以偶尔为之，将只言片语从整个语境或者句子中剥离，这样就能轻易制造一种和谐的幽默效果。

1935年，巴黎大学，来自中国的留学生陆侃如正在进行博士论文的答辩。他学识渊博，一路应答如流，主考官们非常满意。

可能是看陆侃如应答得太过流畅，有位主考官突然问了一个怪问题，故意为难陆侃如。他问："《孔雀东南飞》这首诗中，第一句为什么不说'孔雀西北飞'呢？"

陆侃如知道对方在为难自己，稍稍思考了一下，就答："因为'西北有高楼'啊！"

主考官们听了先是一愣，随即相视而笑，都为陆侃如的幽默风趣所折服！

凡是对古文有所了解的都知道，诗文中很多方位词不具实际意义，不可望文生义，比如"刀枪入库，马放南山"，这并不意味着北山就不能放马。但是，假如这样回答，势必显得呆板，所以陆侃如引用古诗十九首的名句作答，使自己的答案听起来有些荒谬。从字面意思来看，"西北"恰好跟"东南"相对，因为西北的楼高，所以孔雀飞不过，只好掉头往东南飞。这种解释十分牵强，但很容易产生幽默效果，而且解释所产生的意义跟本义相差得越远，就越显得荒谬，幽默效果就越强。

你可以根据自己的需要酌情附会捏造，当你的需要因"断章取义"而得到满足时，幽默的情趣就会跟着油然而生。

　　但是，如果想更好地运用断章取义，还是应该多读书、多看书。因为，断章取义式的幽默需要我们拥有一定的断句能力，一个人的断句能力越强，断句前后句子表述含义就差距越大。在实际言语表达中，我们就能更好地把自己的真实目的隐藏于"断句"中，甚至根据自己的需要随时随地断句，当我们的主旨得到有力支撑时，幽默也就产生了。

　　在日常生活中，断章取义是一种常用的幽默技巧，只要断得巧、断得妙，不仅能博得大家开怀一笑，还能为沉闷的生活注入鲜活的生机。

以谬还谬，避开针锋相对的争执

　　一般来说，以谬还谬式幽默多用于亲近的人际关系之中，作为调笑之用；也有少部分用于关系疏远的人际关系之中，作为反击之用。进行这种幽默之前，要先明确好是用调笑功能，还是用反击功能，因为二者有明显的区别，用不好容易造成误会。

　　有些时候，为了避免双方关系陷入不必要的紧张状态，我们不能直接拒绝别人的不合理要求，因而为找不到回绝之辞而苦恼。此时，就可以使用以谬还谬，跟正面顶回去相比，让对方去体会他自己要求的不妥之处要更文雅一些。

　　19世纪末，伦琴射线的发明者收到一封信，写信者说他胸中有一颗残留的子弹，需要用射线进行治疗。他请伦琴给他寄一些伦琴射线和一份使用说明书。

　　伦琴射线是根本没有办法邮寄的，假如伦琴直接指出来信者的错误，那也没有什么不妥，但多少会让对方有一点被人居高临下的教训的感觉。最后，伦琴选择用以谬还谬的幽默口才来应对。

　　伦琴提笔写了一封回信，里面说："请把你的胸腔寄来吧！"

由于邮寄胸腔比邮寄射线听起来要荒谬一百倍，所以伦琴不仅传达出自己的幽默感，也让写信者明白射线是不可能邮寄的。

不直接回答问题可以给对方留下余地，并且能避开正面交锋的风险。在家庭生活中，特别是夫妻生活中，针锋相对的争执最容易引起不良的后果，而以谬还谬的幽默，往往能使一触即发的矛盾得到缓和。

有一对夫妻，结婚后经常吵架。这天又闹僵了，妻子生气地大叫："天哪，这哪像个家！我再也不能在这样的家里待下去了！"说完她就捡起自己放衣服的皮箱，往门口走去。

这时，如果丈夫去拉妻子，可能无济于事。让人意外的是，丈夫居然也叫起来："等等我，咱们一起走！天哪，这样的家有谁能待下去呢！"然后，丈夫也拉上自己的皮箱，赶上妻子，并把她手中的皮箱接过来。丈夫温柔地对妻子说："等等我嘛，我也待不下去了，我要和你一起走！"

"要是丈夫也走了，家不就没人管了吗？"想到这里，妻子只好带着丈夫返回到家中。

妻子出走已家不成家，丈夫也跟着一起出走，更不能成为家，这是一种极大的荒谬。丈夫本该挽留妻子，却跟妻子一起走，这不是双重荒谬吗？然而，正因为双重荒谬，妻子才能体悟到丈夫的真正意图，跟丈夫和好如初。

自相矛盾，用戏剧化的幽默化解困境

自相矛盾营造出的幽默，具有讽喻他人和自我暴露这两个方面的功能。一般情况下，讽喻他人式的幽默表现为一针见血地指出对方的痛处，具有很强的戏谑效果；自我暴露式的幽默表现为故意说蠢话、自我调侃，通过这种方式拉近与人之间的关系。与人交流时，我们可以根据自己的需要，在具体的矛盾下营造幽默效果。

熟悉李敖的人都知道，他是一个嘴巴很"毒"的人，说出的话往往会得罪不少人。比如，他经常骂别人是"笨蛋""书呆子"。有位记者看不惯他的行为，想好好贬损他一番。

记者问李敖："你经常骂别人是'笨蛋''书呆子'，却没有意识到自己也是一个'笨蛋''书呆子'吗？因为你一天的工作时间长达12个小时，睡眠时间很少，出门的机会更少，却自称了解人间万象和真相，这怎么可能呢？"

听了这话，李敖并没有生气，而是轻描淡写地说："康德是一位著名的思想家，还教过世界地理，可是他一辈子都没离开过他家方圆80里地。如果让我教世界地理，我一样可以胜任，因为我在家'卧游'已久。"

李敖刚说完，周围的人一阵大笑，纷纷为他的巧思妙答喝彩。

为了应对记者的提问，李敖临时编造了一个词——卧游。其实，这个词本身就很矛盾，既然一直在家里"卧"着，又怎么能算得上是"游"呢？不过，李敖才不管什么语言逻辑，就是要使用这个自相矛盾的词汇进行反击，竟然营造出很好的幽默效果。

我们都知道，李敖是一位非常幽默的人，就算有人故意中伤、侮辱他，他也能利用幽默化解困境。通过这种方式，他既让别人敬服自己的学识和度量，又使别人的恶意攻击不攻自破。

一次，国会议员通过了一项法案，但是这项法案在马克·吐温看来是很不合理，甚至是荒谬的。为了表达自己的不满，马克·吐温在报纸上刊登了一个告示，上面写着："国会议员有一半是浑蛋。"

这个告示刊登出来后，立即在国会炸开了锅，很多议员都摩拳擦掌，责令马克·吐温立即改正他的言论。

到了第二天，马克·吐温又在报纸上刊登了一个告示，上面写着："我错了，国会议员有一半不是浑蛋。"

从表面上看，马克·吐温是在向国会议员们道歉，实际上他不过是在语言上耍花招。马克·吐温故意用不合逻辑的话一再地骂议员们是"浑蛋"，看似前后矛盾，实际上表达的却是同一种意思。

如此一来，国会议员们又被马克·吐温骂了一次，明明知道"国会议员有一半不是浑蛋"并不是真正的道歉，而是变着法子再骂一次，却又拿马克·吐温无可奈何。

要想自相矛盾，营造戏剧化的幽默效果，可以在字面上肯定，而在意义上否定，或者在字面上否定，而在意义上肯定。比如，"此地无银三百两""隔壁王二不曾偷"就是这种方式。这种方式具有十分强烈的幽默效果，使得那些被讽喻的对象为了遮掩自己的巨大纰漏而疲于奔命，最后反而顾此失彼，笑料迭出。

为了营造更加强烈的戏剧化的幽默效果，我们还可以在矛盾对转前刻意强调矛盾，混淆别人的视听。比如，好朋友向你借钱，你可以先放出豪言壮语："咱们两个谁跟谁呀，跟我还提'借'，多生分呀！"可等你真的把钱借给对方时，却不无担忧地说："你可得记着点啊，有了钱别忘了尽快还我，我过几天有急用。"刚刚还放出豪言壮语，转眼就催着别人还钱，这种自相矛盾的方式营造出了非常强烈的戏剧化的幽默效果。

需要注意的是，制造矛盾时，要做好铺垫，因为前面的铺垫做得越足，后面形成的对比往往越强烈，戏剧化的幽默效果也越明显。不过，制造矛盾时，我们还要先故意营造一种不经意的效果，交谈时沉住气，使自己的语气平稳、自然，然后再把包袱抖出来。

无限夸张，更能清晰表达你的意思

夸张式幽默，即将事实进行无限制的夸张，进而营造出一种极不协调的喜剧效果。夸张不同于吹牛，吹牛不过是简单地吹嘘自己的能力，而夸张则是刻意扩大或缩小客观事物，但仍旧使人感到真实性与合理性，造成一种幽默的效果。

央视春晚的舞台上，赵本山与宋丹丹、崔永元合作的小品《说事儿》中有这么一个情节。

宋丹丹饰演的白云："你说就他吧，就好给人出去唱歌，你说就这嗓子能唱吗？那天呢，就上俺们那儿敬老院给人唱歌，总共底下坐着7个老头，他'啊'的一嗓子喊出来，昏了6个。"

小崔："那不还有一个嘛。"

白云："还有一个是院长，拉着我的手就不松开，那家伙可劲儿地摇啊：'大姐啊，大哥这一嗓子太突然了，受不了哇，快让大哥回家吧，人家唱歌要钱，他唱歌要命啊！'"

就算本山大叔唱歌真的很吓人，也不至于7个大爷昏倒6个。这里，"白云"分明是用夸张的语调告诉小崔，"黑土"大叔对唱歌并不在行。

跟人交流的过程中，用夸张的说话方式给予巧妙暗示，极易产生特殊的幽默效果，既不伤双方和气，又能表明自己的看法和意图。另外，夸张制造出来的幽默通常会带有一定的讽刺意味。

有一次，马克·吐温乘火车到一所大学讲课。因为讲课的时间已经快要到了，所以他非常着急，可是火车却开得很慢。于是，他想出了一个发泄怨气的好主意。

等列车员过来查票时，马克·吐温拿出一张儿童票给他。这位列车员也挺幽默，故意上下打量一番，说："真有意思，看不出您还是个孩子哩！"

马克·吐温说："我现在已经不是孩子了，但我买火车票时还是孩子呢，火车开得实在太慢了。"

火车开得确实是有些慢了，但也不可能慢到让一个人从小孩长成大人。马克·吐温想表达的是车速太慢，但他没有直接将自己的不满对乘务员抱怨，而是巧妙地对火车的缓慢程度做出了无限制的夸张，令人捧腹大笑，在相对轻松的氛围里委婉地提出了自己的抗议。

一个初学写作的青年，给马克·吐温写了封信，里面说："听说鱼骨里含有丰富的磷质，而磷质最能补脑子，那么要想成为一个作家，就必须得吃很多的鱼了。"他还问马克·吐温："你是不是吃了很多的鱼，吃的又是哪种鱼呢？"

在回信中，马克·吐温告诉他："看来，你要吃一条鲸鱼才可以。"

大家都知道，鲸鱼是最大的"鱼"，看见这里的夸张已经达到了极限，甚至让人觉得有些荒谬了，但这种幽默却收到了良好的效果。

夸张式幽默也经常受到名人政客的青睐，他们借此来凸显自己的政治立场、观点，或者达到针砭时弊、惩恶扬善的目的。

在竞选加州州长时，里根就曾经针对当时加州的经济情况，对物价上涨进行过猛烈地抨击，他说："夫人们，你们都知道，最近当你们站在超级市场卖芦笋的柜台前，你们就会感到吃钞票比吃芦笋更便宜一些。"

还有一次，他说："你们还记得吗？当初你们曾经认为没有任何东西可以代替美元，而今天，美元已经真的几乎代替不了任何东西了！"

先抛悬念，让听者对你的话兴味无穷

古人经常说："文似看山不喜平。"对会说话的人，人们的评价多是"看，他多幽默"，或者"看，他一开口就妙语连篇，跟他说话总有令人意想不到的发现。"这些都是设置悬念所制造出来的效果。

在对话沟通的过程中，假如能够恰到好处地结下一个个"扣子"——悬念，在说出最关键的那句话之前沉住气，就会使听者在回旋推进的言论中兴味无穷，产生"山重水复疑无路，柳暗花明又一村"的感觉，因而一步步实现预定的说话意图。

有一天下课，一位女同学突然走到讲台前，对老师说："我不喜欢听你讲课！"老师非常惊讶，问道："为什么啊？讲得不生动吗？内容不深刻吗，还是语言啰唆？"女同学回答："都不是！因为你的表情太严肃、眼睛瞪得太大，我不好在下面看小说。"

学生们听了，先是吃了一惊，而后都大笑起来。

这位女同学主观上并不是要否定这堂课，而是要肯定这堂课：老师要求严格，学生上课才变得认真。这个故事一开始就先设置了一个大大的悬念，将听众引入"歧途"，这悬念通常为造成反常的结果做铺垫。幽默者运用反向思维的方法将真相抖出，既解答了悬念，也将自己心中的意思表达得淋漓尽致。跟直白地说"老师你的课太棒了、太酷了"相比，这种幽默产生的效果要更智慧、更艺术。

设置悬念一定要巧妙，要顺理成章、有铺有垫、引人入胜，最后一语道破玄机，否则就会给人故弄玄虚之感。巧设悬念类似于相声里的"设包袱"，借跌宕起伏的情节牢牢吸引住他人，最后再借"抖包袱"来画龙点睛，让人体会到强烈的幽默效果，从而实现自己的目的。

要想悬念设得好、设得妙，除了要博学多识外，更重要的是思想要深邃旷达。博识能为"悬念"提供丰富的"语料"，而睿思则能保证其质是钻石而不是瓦砾，是珍珠而不是鱼目。这样的幽默才能雅而不俗、艳而不妖。那些善于吊人胃口的人，不管走到哪里都是最受欢迎的，他们令人在笑声中感受到高品位精神文化的滋润，使其在愉悦中认同并接受自己的意见。

因为最近工作比较忙，柳岩已经好多天没有跟妻子一起吃饭了。这天晚上，柳岩又加班到9点多，忙了一天很累并有点烦。回到家里，发现妻子还没有睡，在等他。"柳岩，我能问你一个问题吗？"

"什么问题？""你一小时赚多少钱啊？""在这儿等我不睡觉，就是为了问这个吗？无聊。"柳岩生气地说。"我只是想知道，就告诉我吗，一小时多少钱啊？"妻子跟他撒娇。"你真的想知道的话，我一小时赚30元。"

"哦，"妻子低下了头，接着又说，"柳岩，能借我10个一元的硬币吗？"柳岩生气了："开什么玩笑呀，快去睡吧。我很累，没时间跟你闹着玩。"

妻子安静地进了卧室。过了一会儿，柳岩感觉自己有点太凶了——可能妻子真的需要10个硬币。

柳岩走进卧室："睡了吗？""还没有。"妻子回答。"我刚刚对你有点凶，别生气。"柳岩说，"这是你要的10元钱，现在我没有硬币，明天你去换好吗？"妻子开心地接过10元钱，然后从床头拿出存钱罐，倒出硬币开始数。

"你攒这么多一元硬币干吗？"柳岩问。"这些钱都是你做这个项目期间攒的，因为我知道你这次的任务很重，并且时间很紧，肯定会有不少的压力，我一天存一个，一天许一个愿，希望你每天都能开开心心的。有了这10元钱，我就可以提一个小小的请求。"柳岩被妻子的举动给逗笑了："你说？""我可以用这30元钱买你一个小时的时间吗？明天项目就完成了，我想跟你一起出去吃顿饭。"柳岩哈哈大笑："就这啊，我还以为是啥大事呢！没问题，明天我提前回来，咱们吃顿好的去。"

尽管只是一个小小的请求，但这位妻子却说得惟妙惟肖，风趣幽默。假如这位妻子在丈夫又累又烦的时候说："明天你的项目就完成了，能不能和我一起出去吃顿饭。"从当时的情况来看，柳岩不一定会答应。可是，经过妻子的一番巧言妙语，丈夫不仅答应了要求，还将工作的烦恼抛诸脑后，全心感受妻子对自己的深情厚谊。

设置悬念也需要一定的技巧，如果你迫不及待地把结果说出来，或是通过表情与动作的变化暗示出来，那就像煮饺子把皮煮破了一样，幽默便失去了原本的效力，只能让人感觉扫兴。凡事都要有个度，设置悬念也是如此。在适当的时候运用，一句机智的妙语能强过一摞劣书。

一个口才好的人，必然是一个风趣幽默的人。作为一个风趣幽默的人，如果想得到更多人的支持和帮助，在社交中如鱼得水，那就要经常使用"设置悬念"的幽默方式。

歪曲经典，以远取譬更易生谐趣

歪解经典式幽默，是指利用众所周知的古代或现代经典文章、词句做原型，对其做出歪曲的、荒谬的解释，新旧词义、语义之间的差距越大，越显得滑稽诙谐。

在我国，古典书籍多为文言，跟日常口语相去甚远，一般情况下，不要说刻意去歪曲，就是把它译成现代汉语的口语或方言，也可能造成一定的语义反差，给人不和谐之感，显得非常滑稽可笑。如一首唐诗中描述一个男子为一个姑娘所动而尾随之，写得诗意盎然。可是，假如把它翻成现代汉语的"盯梢"，不仅没有半点诗意，反而显得很不正经了。

在唐代的《唐颜录》中，记载了北齐高祖手下有一个幽默大师叫石动筒，他非常善于用歪曲经典式幽默在跟别人的智斗中取胜。

有一次，石动筒到国子监去参观，一些经学博士正在论辩，正说到孔子门徒中有72人能够在仕途上伸展自己的抱负。石动筒插嘴问道："72人中，有几个是戴帽子的，有几个是不戴帽子的？"博士回道："经书上没有记载。"

石动筒说："先生读书，为何没有注意孔子的门徒：其中戴帽子的是30个，不戴帽子的是42个。"博士问他："根据哪一篇文章？"

　　石动筒说："《论语》上说'冠者五六人'，五六三十也；'童子六七人'，六七四十二也，加起来不就是七十二人吗？"

　　在《论语》中，孔夫子曾经跟曾子等得意门生谈论自己的志向和理想，他说如果自己能带着五六个青年（年纪长大到可以戴帽子的）和六七个少年，自由地在河边田野的风中漫游，就算是如愿了。这是《论语》中十分有名的一篇，可是石动筒在这里单独拿出约数"五到六人"和"六到七人"，故意曲解成"五六"和"六七"相乘以后，又跟孔子门徒贤者72人附会起来，就变得很不和谐，并生发出诙谐的意趣。

　　关于石动筒的故事《唐颜录》中有很多，下面就是一则他曲解经典著作《孝经》的趣事：

　　有一次，北齐高祖召集儒生开讨论会，会上辩论极其热烈。石动筒问一位博士："先生，天姓什么？"博士想北齐天子姓高，所以回答："姓高。"石动筒说："这是老一套，没有什么新意。蓝本经书上，天有自己的姓。你应该引正文，不要拾人牙慧。"博士迷茫地问："什么经书上有天的姓？"

　　石动筒说："先生，你从来不读书吗？先生不见《孝经》上说过：'父子之道，天性也。'这不是说得明明白白：天姓'也'吗？"

　　在这里，石动筒歪曲经典的窍门是借了"性"与"姓"的同音。尤其是"也"在原文中属于语气虚词，没有任何实义，石动筒把虚词违反规律地实词化了，让人觉得特别牵强附会，因而也就更显滑稽。

司马迁的《史记》中有一个成语，叫作"一诺千金"，说的是秦汉之际，跟刘邦一起打天下的武将季布，只要他答应的事情，多少金钱也无法改变。有个笑话就歪曲地解释了这个典故：

> 有一个姑娘问小伙子："'一诺千金'怎么解释？"
> 小伙子说："'千金'者，小姐也；'一诺'者，答应也。意思是：小姐啊，你就答应了吧。"

通过词义的曲解，把历史英雄的典故变成了眼前求爱的语言媒介，二者之间距离有多遥远，其产生的滑稽效果就有多大。如果你是一位立志谈吐诙谐之人，就应当对这一规律深深领悟。

对一般人来说，即便要作暗示性的表达，也大多倾向于近取譬，然而近取譬容易进行抒情，却不容易制造不和谐、不恰当的滑稽感和诙谐感。要想让自己的讲话有谐趣，最好从不甚切合的远处着眼，以远取譬为佳。古代典籍对普通人来说，大多都距离十分遥远。既遥远而又歪曲，自然易于生谐趣。年代有多么久远并不是问题的最关键所在，最关键的乃是曲解本身。

第三章

幽默演讲，让公众表达更加有影响力

　　一提到演讲，很多人会觉得一定是站在舞台上，面对成百上千的观众。这里所指的演讲，不仅包括大型公开演讲，也包括平常的项目陈述、商务谈判，甚至是给员工开会或者和下属谈话。那么，如何从这些公共演讲中受益？如何使你的演讲一次成功呢？其关键在于你懂不懂得幽默。正如俄国的契诃夫说："不懂得开玩笑的人是没有希望的人。这样的人就算额高七寸、聪明绝顶，也算不上真正有智慧的人。"

幽默的开场白，一开口就俘获听众

　　写作文的时候，有凤头猪肚豹尾一说，在演讲中也是如此，开场白精不精彩直接影响到演讲的成功与否。一般来说，大部分开场白都采用速成法，就是在开场时迅速抓住听众的注意力。这方面有时可以利用听众的逆反心理，比如：

　　演讲者："我只有10分钟的发言时间，先生们、女士们，我从什么地方开始说起呢？"这种情况下，听众们多半会附和："从第9分钟说起。"

　　这时，我们就可以讲一个前无头、后无尾的事例，听众自然觉得不满意，这样势必鼓动你说顺通些，于是你也就间接实现了自己的目的。

　　另一种常用的开场白是缓慢式，就是先用几分钟的谈话使听众大致了解你将要讲的内容，有些什么好的东西准备拿出来跟大家分享。

　　不过，不管哪一种开场的形式，幽默的力量都能够帮助你顺利地把演讲引入正题。一个有趣的开场白会在你和听众之间架起一座友谊的桥梁，直到演讲成功地结束。

某位演讲家曾说："我记得在战争时，有人让我们吃些小药片，以使我们不想女孩子。直到最近我才发现药片并没有让我保住良好的体形，我应把功劳全部归于我的夫人爱丽丝。25年前我们结婚的时候，我曾经对她说：'希望我们以后永远不要争吵，亲爱的。不管遇到什么心烦的事，我决不和你吵架，我只会到外面去走一走。'所以，诸位今天能看到我保持着良好的体形，这是我25年来每天到外面走一走的结果！"

通常情况下，大部分人的注意力都不会持续很久，特别是演讲者用单调的语言谈一个平淡的问题时，听众必定会感到更加乏味。我们必须学会适时转换话题，或者改变一下讲话的方式，通过说个小笑话或来一两句妙语，运用幽默的力量得到听众的关注。比如，讲到人生的问题，你可以说：

"先生们，无论人生有多少艰难与痛苦，我们总是可以在一个地方找到'慰藉'的，那就是词典里。"

在说到人际关系时，你也可以用几句幽默来吸引听众的注意力：

"我认识的人中，第一个炒我鱿鱼的老板最为圆滑。他对我说：'老弟，我真不知道公司少了你将会如何。不过，从下月1号起，我们只好勉强维持下去了。'"

总之，要想出各种办法运用幽默的语言吸引听众。当然，你的幽默绝不能仅仅是为了引人发笑，假如那样的话，他们的注意力很可能随着笑声的停止而转移。你还要插入跟主题相关的幽默，使它成为你信息的一部分，形成一种独特的幽默力来感染听众。

在以如何做人为主题时，你可以插入这样一则小幽默：

老师在讲台上讲述乔治·华盛顿的事迹，他说："他砍了他父亲种的那棵小樱桃树以后，承认做错了事。可是他父亲却没有惩罚他，大家知道这是什么原因吗？"小约翰并没有理解老师的暗示，而是按照自己的想法回答："那是因为他手上还拿着斧头。"

假如你在台上发表政治演讲，无论是陈述政见，还是进行竞选活动，都可以拿幽默来吸引眼球。不管是在演讲中还是在生活中，幽默力都能帮助你顺利地实现目标。当你所传递的信息是听众所不愿意听到的或者不怎么相信的，可能是涉及痛苦的事实，或者需要他们做出某方面的牺牲，或者要他们接受一些个人或社会的问题，这时候，幽默通常能发挥它神奇的效用。幽默能给听众带来力量，使他们远离痛苦情绪所带来的伤害，解除他们因听到禁忌话题而产生的不安和紧张。

在现实中，确实有些话题过于严肃，需要借助幽默的力量缓和气氛。假如你演讲的目的是募集一项医药基金，或者为医院的扩充和更换先进设备而募捐，那么你就免不了要谈到大家忌讳的死亡问题或严重疾病。这种时候，插科打诨是最忌讳的，你最好以一则趣闻逸事来缓和听众的紧张情绪。比如：

哲学家梭罗辞世之前，他的姑母曾在病床前问他："你和上帝之间已经和解了吗？"

梭罗回答："我倒不知道我们之间何时曾吵过架。不过，他老人家现在既然已经来召唤我，说明还是比较器重我的。"

用幽默来强化主题、摆脱尴尬，用幽默的力量营造一种较为轻松的演讲氛围，可以使听众置身于其中，并减轻他们的忌讳，舒缓他们的情绪。

主持人把你带到台前，介绍给了听众，你对介绍词也做出了正确的反应，并发表了一段良好的开场白后，演讲就算正式开始了。当演讲开始之后，你的全部精力就应该集中在听众身上了，注意引导听众跟着你的思路前行。

恰当穿插内容，使幽默演讲更高效

还记得演讲中那些含蓄、风趣的故事和语言吗？它们总是寓庄于谐，使人在会心一笑的同时，体会到字里行间的深刻道理以及演讲者高尚的情趣。

1955年，郭沫若先生重返日本九州大学作了一次演讲。再次来到自己的母校，郭老说：

"在这里我要向我以前的老师表白，我作为一个医科大学生，事实上不是一个'好学生'，福冈的自然景色太美了，千代松原真是非常的美丽。由于天天都接近这样好的自然美景，我在学生时代就不用功，对于医学没有认真地研究，而跑到别的路上去。"

他幽默地说："当时我在教室里听先生讲课时，就一个人偷偷地在课本上作诗了。"

随着这些话，场内不时发出欢快的笑声和掌声。

有一次，一个教授给学生做报告，接到一个纸条，上面写着："有人认为思想工作者是五官科——摆官架子，口腔科——耍嘴皮子，小儿科——骗小孩子，你认为恰如其分吗？"这个问题锋芒毕露。

教授回答说："今天的思想工作者，我认为是理疗科——以理服人，潜移默化，增进健康。"

演讲中穿插幽默要注意，穿插进来的内容必须要跟主题相关，能起到说明、交代、补充的作用；穿插的内容一定要适度，不可过多过滥，造成喧宾夺主、重心旁移；衔接务必自然得当，千万不要让人觉得勉强或节外生枝。

在演讲的时候，为了增强演讲效果，加深听众印象，可以运用古今杂糅法，用最时髦的现代语言解说古人的事，或用古代成语描绘现代的事，这种异相拉近的做法能大大增强幽默效果。比如，谈到消费的时代性时，可以说："慈禧太后虽然骄奢淫逸，但她从来不吸万宝路，不喝雀巢咖啡，也不看外国大片。"讲到文凭、职称的问题时，可以说："孔夫子一没文凭，二没职称，但他在杏坛办学习班，培养了无数哲学、伦理学、教育学的高才生。"

对更高明的演讲者来说，自身经验中那些人人有同感的矛盾之处也是值得讲述的，因为它是一个很好的"楔子"。名作家吉卜林在向英国一个政治团体发表演说时，就把自己的经历当成了范例，引得全场捧腹大笑：

"主席，各位女士、先生们，我年轻时，曾在印度当记者，专门替一家报社报道犯罪新闻。这是很有趣的一项工作，因为它使我认识了一些骗子、拐骗公款者、谋杀犯以及一些极有进取精神的正人君子。有时候，我在报道了他们被审的经过后，会去监狱看看这些正在服刑的老朋友们。我记得有一个人，因为谋杀而被判无期徒刑。他是位聪明、说话温和有条理的家伙，他把他自称为他的'生活的教训'告诉我。他说：'以我本人做例子，一个人一旦做了不诚实的事，就难以自拔，一件接一件不诚实的事一直做下去。直到最后，他会发现，他必须把某人除掉，才能使自己恢复正直。'哈，目前的内阁正是这种情况。"

　　吉卜林没有平板地陈述记忆中的陈年旧事，而是幽默地围绕准备谈论的政治话题渲染了一些近乎怪诞的趣事，从而建立起自己跟听众之间的沟通点。只要善于利用他人和自身的一些幽默故事，妙语连珠，引起观众的共鸣，就能使自己的演讲格外精彩。

　　在演讲中插入风趣、幽默的语言，还要考虑到速度的问题，太匆忙和太缓慢都不能达到预期的效果。因而一定要掌握好速度，将时间控制得恰到好处，以便最大限度地发挥作用。

符合听众口味，幽默话题不可随意选

俗话说："见什么人说什么话，到什么山上唱什么歌。"这当然不是教育大家要"见风使舵"，而是提醒各位，切忌"哪壶不开提哪壶"，要懂得"投其所好"，这是对台下听众的基本尊重，也是提升个人形象的最佳机会。话题选对了，才能幽默最大化。

演讲者都希望在听众中间引起共鸣，所以选择"投其所好"的话题就成了必然。举个例子，在给大学生做演讲时，讲得最多的话题除了学习方法、工作心得之外，就是恋爱问题了。正所谓"初恋都是最美好的"，假如有戏剧化的谈恋爱的经历，拿来幽默一下自然会收到不错的效果。

有一位知名学者应邀回母校做演讲，他出场后的第一个话题就是讲述自己在大学读书时追女孩的经历：

"在我们那个年代，大学不像你们现在这么丰富多彩。我们那时候除了追女孩外没有什么事情可做。上大学的我平凡得不能再平凡了，那时候什么都没有，就长成我这样的，基本上不用考虑本班的战场，没有我的立足之地，我就发展别班的战场。我看上了一个女生，据说还是50校花之一呢。你们可别小瞧，50校花之一可了不得，当时我们可有156名女孩呢！

"你们说我那时是弱势群体，我能做什么呢？我什么都做不了，最后想出了一招我能做的事：写信。第一封我写了身高，体重，家住何方，父母是干什么的，家有几个兄弟。这简直就是一份简历，没办法，那时的我什么都没有，只有这些，只能给她投简历。她没有理我。我就开始写第二封信，为了展现自己的才华，我就介绍了一下国内国际经济形势，我未来会怎么怎么做。还是没回音。我就写了第三封，说我知道你不喜欢我，我不要求你做什么，我只要求你让我默默地喜欢你就好了。

"你们知道那时的女生'纯'啊！三封信就感动了她，她回信给我。我就约她看电影，看的什么电影我早就忘了。之后我们散步，我对她说：'要不你嫁给我吧？'她很惊讶地问：'你是认真的？'我说：'是。'她说：'好，我嫁给你。'就这样，第一次约会，她就嫁给了我，而后我们一起走过了随后的20多个春秋。"

当时，这段演说赢得了同学们非常热烈的掌声。先不考虑演说者讲话的语气有什么样的效果，单看这段稿子本身就足够吸引眼球了：紧密结合学生关注的话题，校花、谈恋爱、写情书、约会等话题；追爱故事，不断展开，层层递进，激起好奇心；纯洁的爱情，美好的愿望，最终实现；用语精妙，抑扬顿挫，滑稽幽默。这些都跟大学生的心理达到了完美的契合，想不引起共鸣都难。

演讲之前，不妨事先问自己一个问题：你的主题跟听众究竟有什么利害关系？能不能帮助他们排忧解难，实现理想的目标？明确了这些，然后再将你的想法分享给他们，这样必然会吸引大家的全部注意力。如果你是会计师，你可以这样做开场白："我现在要教你们怎样省下50~100元的税款。"如果你是律师，你教听众怎样在生前拟好遗嘱，听众必然会听得津津有味。在你的专业知识里，不管怎样都能够找到对听众有所裨益的话题。

在演讲过程中，使用幽默必须是有"预谋的"，也就是说，不是每一个话题都可以拿来即兴幽默。演讲者只有根据演讲内容、场合等因素有针对性地选择幽默话题，才能做到符合观众的口味，吸引观众的注意力，从而取得预期的效果。

阿里巴巴创始人马云应母校杭州师范学院的邀请返校演讲。马云走上讲台后，一开口就让母校的师弟师妹们笑得合不拢嘴：

前两天我刚从美国回来，在美国参加会议的时候有人问我，我的英语是哪里学的，我说中国杭州师范学院！——在我们公司，尽管有来自北大、清华，也有来自哈佛、耶鲁等名校的学生，但是如果你在我公司问哪所学校最好，员工都会说：杭州师范学院！没办法，因为在阿里巴巴，他们只能这么说。

马云巧妙的开场，不仅避免了对母校的刻意恭维，而且还用自己的亲身经历表达了对母校的谢意，进而引发了一股集体自豪感；同时，又恰当地借个人成功的事例告诉母校的莘莘学子：事在人为，外部环境并不是影响成功的决定性因素，个人的努力才最重要。而个人如何努力的部分，只有认真听接下来的演讲才能知晓。

这样自然又设置了小小的悬念。

马云的幽默之所以能赢得满堂彩，主要原因在于他很清楚观众需要什么。就像身为一名商人，你必须提供市场需要的商品，才能最大限度赢利。马云知道自己面对的是一群虽有青春激情但始终稚嫩、懵懂的在校学生，他们最需要的是自信和平凡人创造成功的可能性，他们需要的是一种有力的导向。而作为成功人士的马云，恰好能够满足他们的需求，所以他的演讲才会引起他们的浓厚兴趣。

同样善于"因地制宜"做演讲的还有微软总裁比尔·盖茨。2007年，比尔·盖茨应邀在哈佛大学毕业典礼上发表演讲。大家都知道，尽管比尔·盖茨曾在哈佛就读，但他并没有取得任何学位，而是选择中途退学创办微软，因此，哈佛学报曾将他誉为"哈佛大学历史上最成功的辍学生"。这件事使他的这次毕业演讲显得非常奇怪。

谁知精明的盖茨却把自己的"丑闻"当成了"因地制宜"的最佳题材："我为今天在座的各位同学感到高兴，你们拿到学位可比我简单多了。"这句自嘲式的幽默表达了对毕业典礼现场的主角们——顺利完成学业的优秀毕业生们——的衷心祝福。毋庸置疑，这是现场学生最乐于听到的。

接下来的演讲，他始终紧跟学生们的思维方向："那么，我为什么会被邀请在你们的毕业典礼上演讲呢？我想在所有哈佛的辍学生中，我是做得最好的，所以我有资格代表我这一类学生讲话。同时你们应该庆幸，我没有出现在诸位的开学典礼上。因为我是个有恶劣影响的人，我要提醒大家，我使得Steve Ballmer（注：微软总经理）也从哈佛商学院退学了。所以，假如我在你们入学欢迎仪式上演讲，那么能够坚持到今天在这里毕业的人可能会少得多吧。"

　　就算一直延续幽默自嘲，盖茨的话题并没有离开毕业典礼这件事情，因为或许他认为，自负的哈佛毕业生们渴望听到的不是谆谆教诲，不是怎样才能成功的废话，更不是盖茨个人的奋斗经历，因为这些他们早就知道了，所以盖茨始终在自嘲。在之后的演讲中，他简单讲述了自己认为什么是人生有意义的事情。而"有意义"和"成功"是两个层面的话题，很明显，聪明的盖茨不想使在场的高才生们心生厌恶。

幽默地夸与赞，就能顺利沟通感情

情感沟通是人与人交流的必经过程，而公开场合的演讲又和私人交流有明显的区别。在演讲中，与听众的情感沟通其实是个"技术活儿"，既不能过分恭维，刻意逢迎，又不能假装亲近，随便敷衍。这时，恰当地运用幽默往往能取得意想不到的效果。

一场精彩的演讲除了要有吸引观众的内容，演讲者还必须懂得如何跟观众"套近乎"，清除陌生感和距离感，这样才能使自己所传递的信息深入人心，不落俗套，才能在听众中产生共鸣，保证演讲顺畅进行。

美国第41任总统老布什就是一个擅长"套近乎"的老手。1991年，英国女王伊丽莎白二世访问美国，老布什在欢迎宴上致辞。因为伊丽莎白二世已多次访问美国，所以老布什对女王的习惯一清二楚。他在致辞一开始就使用轻松的语气说道："在您数次对美国的访问中，我从您身上发现了一个把我们联系在一起的品质——热爱锻炼。不管是雨天还是晴天，您的长时间的散步总是把那些想打听小道消息的狗仔队们气喘吁吁地甩在一边。很庆幸，今天我那患有纤维性颤动的心脏没有被那场激烈的竞走累垮。"

　　见过如此轻松、幽默而又贴切的赞美吗？几句简单的幽默表述，便轻而易举地消除了政治对话的紧张气氛，沟通了两个"国家"之间的感情。

　　在任总统之前，老布什曾经担任过美国驻北京联络处主任。后来，当身为总统的他再次回到美国驻华大使馆时，他的演说像极了一段"迟来的牢骚"。

　　"在异国他乡见到诸位熟悉、亲切的脸庞，确实让我有宾至如归之感。你们让琐碎的行政事务运转得如此良好，并且因为我的到来，而使得大家如此遭罪，请接受我衷心的感谢。

　　"因为我知道，接待一位总统的访问就像经历一场浩劫。我曾经被派驻在这儿，有过这样的经历。看到总统离开了，我确实很高兴。假如那还不够受的，亨利·基辛格又给我们增加了两次这样的经历。我知道你们对我们没什么好感。

　　"好吧，现在进入正题，向这里所有的中国雇员，所有家庭，所有——（此时，一个婴儿的啼哭声打断了总统）哦，没那么糟，宝贝。等会儿，就要好了——向所有在座的各位，表达我诚挚的谢意。"

　　老布什的这段演说很轻松，感觉像和很久不见的老朋友在对话。凭借自己曾经从事过"接待总统"这项工作的优势，老布什站在听众的角度来发言，让自己成为现场"诚惶诚恐"的工作人员的代言人，说出了大家的心声，瞬间拉近了与工作人员之间的情感距离。同时，幽默的运用也使得老布什从高高在上的总统大人摇身变成平易近人、体恤民情、善解人意的好总统，其个人形象得到迅速的提升。

当然，美国历史上精于"套近乎"的总统还有很多。在欢迎朱镕基总理访问美国时，克林顿总统也用一段幽默的夸奖传达了友好的信息，顺利实现了沟通情感的目的。克林顿总统说：

"美国人民很高兴见到您，美国人民对您很感兴趣。毕竟，不是每个领导人都既能理解全球经济的错综复杂，又能理解京剧的无穷奥妙；既能演奏胡琴，又能在说出直率的政治观点的同时，发表不客气的音乐评论。"

不难看出，人与人的沟通，幽默是不可或缺的润滑剂，特别是在面对冷冰冰的政治的时候。演讲者要想拉近自己和听众的情感距离，一定要懂得幽默的技术。

演讲中遭遇临场意外，用幽默来解决

大家都知道，演讲免不了会遇到一些意外情况，比如听众寥寥无几，有人故意捣乱，听众提出刁钻古怪的问题，听众不认同演说者的观点，等等。遇到这些突发状况，千万不能气馁、动怒，更不能粗鲁地对待，因为那样会使演讲遭到惨败。古往今来，在神圣的讲坛上，能言巧辩的例子不胜枚举。

有一次，林语堂应邀到美国哥伦比亚大学讲授中国文化课，课堂上他对中国文化大加赞赏。一位女学生不服气地发问："林博士，你是说，什么东西都是你们中国的好，难道我们美国就没有一样东西可以跟中国的相比吗？"

这是一个很难回答的问题，假如演讲者反过来赞扬美国，对演说的主题非常不利；要是严肃地表示美国不如中国，会引起在座学生的不满情绪。林语堂只是轻松地回答："有的，你们美国的抽水马桶就比中国的好嘛。"

这句话引起哄堂大笑，气氛活跃而和谐，发问者对这一回答也提不出异议。

在莫斯科的一次演讲会上，诗人马雅可夫斯基的舌战也很经典。

那次会上，马雅可夫斯基受到了庸夫俗子的严峻挑战。

"您的诗太骇人听闻了！这些诗是短命的，明天就会完蛋，您本人也会被忘却。您，不会成为不朽的人……"一位诗人责难说。

"请您过一千年再来，到那时我们再谈吧！"他巧妙地挡了回去。

"您说，有时应当把那些沾满'尘土'的传统和习惯从自己身上洗掉，那么您既然需要洗脸，这就是说，您自己也是肮脏的了……"

"那么您不洗脸，就自以为是干净的吗？"

"您的诗无论如何也赶不上普希金啊！"

"我热爱普希金，可能我比您更爱他。我是想在普希金的影响下创出一条崭新的诗路，您明白吗？全新的，而不是承袭、重复前人的东西。诗行是新形式的，词汇也要从根本上翻新，把诗歌提高到现代水平。这就是我为之终生奋斗的目标！"

马雅可夫斯基的这场对白、演讲和答问势如破竹、振聋发聩，凝结着他的睿智、聪慧和幽默，使听众挤得水泄不通的大厅里不时传出一阵阵雷鸣般的掌声。他的回答充满锐气，句句有穿透力，使敌手胆战心惊、望风而退。

在演讲中，听众有不同意见并不稀奇，这时最好不要漠然视之，因为如果不予恰当地处理，接下来的演讲将难以顺利进行。有时，演讲者还会遇见恶意的攻击或咒骂，假如演讲者勃然大怒或与之对骂，必然会损害自身的形象，使捣乱者的阴谋得逞。

有一次，英国首相威尔逊在民众大会上演讲，人群中不时爆发出激烈的抗议，一名抗议者居然高声骂道："垃圾！"

威尔逊镇定地回道："先生，关于你特别关心的问题，我们等一会儿就讨论。"

谁都知道抗议者正在无礼地谩骂，可总统却巧妙地将其转为现实生活中需要解决的一个问题，不仅为自己解了围，摆脱了被动的处境，还使会场气氛松弛下来。

如今，我们生活在信息交流非常发达的时代，几乎所有人都有登台讲话的机会。在座谈会上，在宴会上，在学校，在公共集会或是其他社交场合，都有需要发言或讲几句话的时候。可能你一直认为自己是个不适合演说的人，但是，你应当认识到，有很多的演讲机会在前面等待着你。

随着事业的发展和工作上的成功，想摆脱别人邀请你演讲自然变得越来越困难。当然，初次登台可能会有些紧张，如果能在演讲中使用幽默的力量，那就能相对轻松一些。只要我们有个良好的开头和结尾，能吸引听众的注意力，面对挑战沉着应对，并且使首尾相连，一气贯通，就能取得良好的效果。此外，讲话和演说之中蕴含着许多规律，前人有过不少经验之谈，那些宝贵经验对我们同样适用，值得去好好学习和借鉴。

讲话和演说都要遵循一个法则，那就是根据不同的对象，选择不同的内容与方法，"因材施讲"，这是取得良好效果的不二法门。因此，在演讲之前，应想方设法跟听众接触，并且进行广泛交流。有的时候，简短的几句话就能帮我们把握他们的兴趣和关心的要点。然后，只要再收集几个与之相关的即兴笑话和故事，我们的演讲就能变得更为活泼生动和引人入胜，降低遭遇临场意外的可能性。

乔治·贝列是美国宾夕法尼亚州的演说家，他有一套独特的方法跟听众打成一片。

有一次，他被邀请为保险公司的经理们演讲。乔治了解到，经理们在头一天晚上举行舞会，直到凌晨才回到饭店，而且没有水洗浴，没有饮料。当第二天早上7点开始演讲时，那些经理们烦躁不安，面无表情。

由于准确地了解了当时的实际情况，乔治·贝列说了句简单而幽默的开场白："我还是第一次见保险公司在晚上举行那么热闹的联欢，可我发现这狂欢竟然不能使经理们快活起来。"

得到了应有的理解，大家闷闷不乐的情绪很快就不见了，脸上出现了微笑，气氛也被调动了起来。

乔治·贝列还有一个秘诀，那就是尽量在演讲之前跟每位客人简单聊上几句。当讲演开始后，他便一一叫出台下听众的名字。这不仅对台上台下的互动大有助益，还为演讲的顺利进行打下了良好的基础。

绝妙的结尾，让听众感到意犹未尽

演讲的开头和演讲的过程都已经很精彩了，但我们不能满足于此，还应该有一个好的结尾，要做到善始善终。对整个演讲来说，开头和结尾都是两个很重要的部分，而且结尾通常比开头更难以掌握。

在演讲中，最不好把握的部分还是结束语，因为最后的字句，虽然已经停止，但仍在听众的耳中盘旋，使人记忆最久！当演讲者的结束语简短、有力、切题，并且因充满了迷人的幽默感而显得生动活泼时，听众才会产生意犹未尽之感。而意犹未尽，则是精彩演讲美妙的结尾的极致。

我国著名作家老舍先生就是一个幽默的高手。

在某市的一次演讲中，他开头就说："我今天给大家谈六个问题。"

接着，他第一、第二、第三、第四、第五，按顺序一个个谈下去。谈完第五个问题，他一看离散会的时间不多了，于是提高了嗓门，一本正经地说："第六，散会。"

听众起初一愣，几秒钟后响起了热烈的掌声。

老舍在这里采用了一种"平地起波澜"的造势策略，打破了正常的演讲顺序，从而出乎听众的意料，达到了一定的幽默效果。一个演讲者能在结束时赢得笑声，不仅能体现出自己演讲技巧的娴熟，还能给本人和听众双方都留下愉快美好的回忆，这通常被视为演讲圆满结束的标志。

精彩的结尾能提升整个演讲的内涵和风采，而在结尾中巧妙地运用幽默，更能使听众体味到十足的美感，给大家留下深刻的印象。

一次，"戴维斯杯"网球赛结束后，云南省体委在昆明滇池湖畔的国家体育训练基地为印度尼西亚队饯行。印度尼西亚队输给了中国队，队员们的情绪都有些低落。在致辞时，该队领队说："尽管我们尽了最大的努力，但由于气候不适应等原因，我们队伍的技术没有很好地发挥，遗憾地输了球。但对东道主中国队来说，我们无疑是最好的客人。今天我在这里祝贺贵队取得优良成绩，就是最好的证明。不过，来日方长。如果我们下次再来做客时，不能成为你们最好的客人，也请尊敬的主人不要见怪。"

领队的致辞不卑不亢，礼貌而幽默，特别是那绝妙的结尾堪称精妙绝伦，称为"豹尾"绝对不为过。

有不少演讲前面很吸引人，结尾却非常糟糕，演讲者虽然告诉听众我要结束演讲了，但似乎有点不放心，要挑明"我现在要进行归纳或小结"，或者用动作与表情来表明演讲即将结束。

如此一来，结尾往往拖泥带水，又长又臭，听众们也没耐心继续听下去，甚至开始计算离场的时间。所以说，结尾一定要干脆痛快，最好能在听众的意料之外。

有一年，全国写作协会在深圳罗湖区举行年会。开幕式上，省、市各级有关领导论资排辈，一一发言祝贺。

轮到罗湖区党委书记发言时，开幕式已接近尾声了。于是，他这样说："首先，我代表罗湖区委和区政府，对各位专家学者表示热烈的欢迎。"掌声过后，稍作停顿，他又响亮地说："最后，我预祝大会圆满成功。我的话完了。"

就这样，他以迅雷不及掩耳之势给演讲画上了句号，也给自己赢得了热烈的掌声。

结尾不一定要笑而不止，或者大笑不停，但结尾一定要引人深思，给听众留下余音回绕、意犹未尽的感觉。有的演讲的结尾需要严肃，有的需要戏剧性。如果演讲场合是宴会或其他联谊性的餐会，而演讲又被安排在活动即将结束的时候举行时，那么，高度戏剧性的结尾、幽默的结束语能让人缓解精神的疲劳，让人精神得到清新的鼓舞，同时使你的演讲熠熠生辉、余音不绝。

在结束讲话之际，我们也可以用一则有趣的故事，或者说几句与主题有关的俏皮话、祝愿辞、双关语，这样的结尾通常能收到良好的效果，让台下的听众们面带笑容地离去。

在担任驻英大使期间，美国诗人、文艺评论家詹姆斯·罗威尔在伦敦举行过一次晚宴，并发表了一篇名为《餐后演讲》的即席演说。

在演说的结尾，他讲了一个故事：

"我在很小的时候听人讲过一个故事，讲的是美国一个卫理公会的牧师。他在一个野营的布道会上布道，讲了约书亚的故事。他是这样开头的：'信徒们，太阳的运行方式有三种，第一种是向前或者说是径直的运动；第二种是后退或者说是向后的运动；第三种即是在我们的经文中提到的——静止不动。'（笑声）

"先生们，不知你们是否明白这个故事的寓意，希望你们明白了。今晚的餐后演讲者首先是走径直的方向（起身离座，做示范）——即太阳向前的运动。然后他又返回，开始重复自己——即太阳向后的运动。最后，凭着良好的方向感，将自己带到终点。这就是我们刚才说过的太阳静止的运动。"

这种紧扣主题的传神形象演讲，可谓惟妙惟肖、天衣无缝，如何能不赢得现场观众的热烈掌声和欢笑声呢？

一般来说，成功的演讲都追求真理的启迪、感情的激发、艺术的感染、行动的导引等效果。隽永是格调方面的体现，它通过以温和的幽默力量来述说一个事实，或表达一句妙语，或向听众道声祝福来体现，每每引得听众会心一笑。而幽默风趣的结束语，是整个演讲幽默的升华，也是演讲者全部玩笑机智的总爆发。它能将演讲者所传递的信息像印章般打在听众心坎上，使隽永的意蕴余音不绝。

第四章

缓解紧张气氛，用幽默促成优势谈判

在谈判的过程中，要想缓解紧张气氛，促成优势的谈判，你需要掌握一些有效的技巧。比如创造幽默，消除双方的对立感；机智地幽默一下，让客户转变态度；对方无礼攻击，用幽默回敬最有效；略施幽默，就能平息客户的怒火；制造幽默悬念，激起客户的好奇心。

创造幽默，消除双方的对立感

很多人都觉得，谈判应该是严肃的、庄重的，其实，如果在谈判中插入幽默的语言，既有助于缩短彼此之间的距离，钝化对立感，又能使谈判氛围变得更友好。

谈判氛围会影响谈判人员的心理、情绪和感觉，从而引起相应的反应。参加过谈判的人肯定会对谈判记忆犹新，它可能是对立的、冷淡的，也可能是旷日持久的、松弛的，或者是友好的、积极的，甚至有可能是大吵大闹的。

谈判氛围不同，谈判结果也各不相同。比如，热烈的、积极的谈判氛围，有助于谈判双方达成一致协议；对立的、冷淡的谈判氛围，就可能把谈判推向严峻的境地，最终无法达成合作。

在第二次世界大战期间，英军的武器十分紧张，丘吉尔为了解决军需物资问题，特意到华盛顿与罗斯福会晤，请求对方支援军需物资。会谈进行前，丘吉尔躺在浴盆里沐浴，抽着大号雪茄，作沉思状。此时，罗斯福突然推门闯进来。丘吉尔赤身裸体，大腹便便，大肚子露出水面。罗斯福连忙道歉，丘吉尔却风趣地说："总统先生，大英帝国的首相在您面前可是没有半点隐瞒呀！"

丘吉尔的这番幽默消除了谈判双方之间的陌生感，营造了良好的谈判氛围，使谈判在和谐信任中进行下去。这种幽默消除了紧张感，让人忘却了战争，并真诚地投入到合作中。谈判前，先要调节一下紧张沉闷的空气，放松一下绷得太紧的心弦，以营造友好的谈判氛围，促成谈判。

谈判双方是一对矛盾的统一体，不可能摒弃竞争，也不可能拒绝合作。为了更好地合作，双方必须创造一个友好的合作氛围。所以，谈判开始前，应该主动接触对方，发掘出双方的合作条件，为接下来的谈判打下良好的基础。

一次，林肯总统在白宫接见某个国家的总统。这是双方第一次见面，所以气氛稍微有些沉闷。于是，林肯总统问："怎么样，当总统的滋味如何？"

这位总统一时语塞，不知道该怎么回答林肯的话，只好反问道："您觉得当总统的滋味如何？"

林肯风趣地回答道："实话实说，我觉得就像吃火药一样，总想放炮！"

听了这话，这位心怀戒心的总统情不自禁地笑了，接下来的谈判也进行得很顺利。

林肯总统打破常规，没有握手，也没有寒暄，而是突如其来地问："怎么样，当总统的滋味如何？"林肯一个小幽默，逗乐了心怀戒心的总统。我们可以想象，接下来的谈判气氛肯定会缓和很多。

创造幽默可以使谈判更加顺利地进行下去，所以一些谈判高手常使用此方法。

任何谈判都需要一种轻松和谐的氛围，营造一种友好的谈判氛围，可以消除谈判双方在会面后出现的紧张感，更利于谈判的顺利进行。

在进行比较严肃的谈判时，不适宜刚开始就急急忙忙地进入实质性谈判，而是要试着拉近与对方的情感距离，使双方在思想上协调一致。所以，刚开始谈判时，可以幽默地说些与谈判无关的话，避免双方陷入尴尬的状态。

林语堂曾经风趣地说过，人与人之间进行谈判时，谈判双方最好学会由政治家向幽默家转变，因为幽默可以减轻双方的对立感，可以营造更有利于谈判结果的谈判氛围，使谈判双方实现双赢的目的。

在说服、论辩的过程中，出人意料的幽默口才往往是最常用的技法，因为它借助人们的心理反差，使自己处于谈判的主导地位。不过，在谈判中使用出其不意的幽默辩论法时，一定要注意一点，那就是出其不意要恰到好处，而不能太过夸张。

机智地幽默一下，让客户转变态度

　　对于一位销售员来说，客户就是"衣食父母"，发展客户是每一位推销人员的主要工作，也是工作的重中之重。与客户沟通时，推销人员的口才直接影响最终能否推销成功，所以应该引起推销人员的重视。

　　在推销的过程中，推销者可以随机来点小幽默，不仅可以处理好推销过程中出现的各种突发状况，还容易促使推销成功。

　　一位房产推销员正在向客户夸耀一栋住宅楼。他说："这片居民区非常干净，物业也特别负责，小区里空气清新，处处可见鲜花、绿草，这里的居民几乎不得什么病，寿命都很长。这么说吧，只要是住进这栋楼的居民，都不愿意再搬走了。"

　　就在这时，搬家公司正在帮着一位居民往外搬家。客户看到后，不解地问："你不是说这里的居民都不愿意搬走吗？那是怎么回事？"房产推销员风趣地说："他是一位医生，医术很高，可是这里的居民都不得病，他还怎么挣钱呢？不搬走只能饿死！无奈之下，他只好搬到别处。"

房产推销员刚吹嘘完房子有多好，居民都不得病，不肯搬家，客户就看到有居民往外搬。如果不给一个合理的解释，恐怕客户会对他的诚信提出质疑，对他的印象大打折扣，甚至怀疑他介绍的房子有问题。

推销的过程就是谈判的过程，要想说服客户，就要随机来点小幽默。小幽默能帮助你打破所面临的尴尬，使得交易顺利进行。

一天，郭先生去拜访一位客户。

郭先生："您好，我是××保险公司的小郭。"

客户："啊，你不用介绍了，我这人最讨厌保险了。昨天你们公司的销售员已经来过了，我很果断地拒绝了他。"

郭先生："可是，您不觉得我比昨天的那位同事英俊潇洒吗？"

客户："哈哈，是吗？我怎么觉得昨天那位仁兄长得高高瘦瘦的，反而比你好看呢？"

郭先生："嗯，我承认我个子矮了点。不过人家说'矮个子没坏人'，再说辣椒是越小越辣呦！"

客户："哈哈！你这人太逗了。"

就这样，郭先生与客户的隔阂很快就消失了，生意也就做成了。

人人都喜欢和幽默风趣的人打交道，而不肯与一个死气沉沉的人待在一起。平时工作、生活中的压力，已经压得人透不过气来，销售员何不通过幽默的语言使客户开怀一笑，同时为自己的销售工作减少阻力呢？

商场如战场，在高手林立、竞争激烈的生意场上，怎样才能赢得客户的欢心，是很多推销员遇到的难题。面对难题，经验丰富的推销员懂得随机来点儿小幽默，因为对于他们来说，幽默就是秘密武器，可以帮助他们赢得客户的信服。

在现实生活中，富于幽默的人往往充满了活力，不仅爱好广泛，而且具有充沛的精力。作为一名销售员，如果带着幽默投入到工作中，就会收到意想不到的效果。那么，如何才能使用幽默这个有力武器来赢得客户的欢心呢？

首先，开口说话前，先大致判断一下客户属于哪种类型和风格的人。如果客户是那种不苟言笑的人，不要轻易和他开玩笑。有人说："恰如其分的幽默对你的帮助有多少，不合时宜的幽默对你的危害就有多少。"

其次，与客户谈判时，可以在谈话中巧妙地插入幽默的语言，不仅可以让客户转变态度，还能慢慢赢得客户的欢心，但是一定要注意一点：无论什么时候，都不要和客户开一些种族或宗教方面的玩笑。

最后，随机小幽默可以拉近你与客户之间的距离，但是并不是随时随地可以运用。当客户遇到悲伤的事情，或正在处于愤怒的状态时，就不适合用幽默。也就是说，幽默虽然是一剂良药，但是并不能包治百病，销售员一定要因时制宜。

对方无礼攻击，用幽默回敬最有效

在实际谈判的过程中，很多时候我们会遭遇对方的挑刺或故意刁难，最后导致谈判陷入困境。遇到这种情况，我们该怎样扭转乾坤，逼迫那些故意刁难的人知难而退呢？运用幽默诙谐的语言回敬对方的无礼攻击不失为一种不错的方法，否则只会让你的对手看笑话。

假如你遭遇对方的恶意顶撞或攻击，不需要以牙还牙，针锋相对，否则会让局面变得一发不可收拾。可以把对方的讥讽之词当作前提，以此为铺垫，顺势表达出自己的看法，既巧妙地化解了尴尬，为自己解了围，又不至于导致谈判破裂，双方都下不了台。

1985年5月，美国总统里根前往苏联访问，两国领导人举行了会谈。在欢迎仪式上，苏联领导人戈尔巴乔夫对里根总统说："总统先生，听说您很喜欢俄罗斯的谚语，收集了不少谚语，我想为您补充一条，叫'百闻不如一见'。"

戈尔巴乔夫的用意很明显，是向里根总统暗示他们在削减战略武器方面已经有所行动。里根总统一点儿都不示弱，彬彬有礼地回敬道："是足月分娩，而非匆匆催生。"

里根总统说出的谚语幽默地表达了美国不急于和苏联达成协议。这种巧用俗语的表达方式，不仅调节了气氛，而且达到了明确地讲清道理、有力地反驳对方的目的。

俗语是群众语言，带有浓郁的地方特色，具有通俗易懂的特点。巧用俗语可以将表述力柔化，将论辩力强化，还可以分散论辩方的注意力，使对方无力反驳。这些语言大都来自社会实践，是人民群众创造发明的，在讲话时巧妙地运用，可以大大增强语言的感染力，更易于被对方理解和接受。

20世纪30年代，卓别林写成了一部喜剧电影脚本《独裁者》，是以讽刺和揭露希特勒为主题的。但是，就在这部影片开拍时，派拉蒙电影公司却说："我们曾经用'独裁者'这个名字写过一个闹剧，所以这个名字是我们的专利。假如卓别林想要用这个名字，就要交给我们2.5万美元的转让费。"卓别林多次派人与他们谈判，但是都以失败告终，没办法，他只好亲自上门与他们谈判。

最后，卓别林灵机一动，拿笔在片名前加了一个"大"字，把名字改成《大独裁者》，然后幽默地说："你们写的是一般的独裁者，而我写的却是大独裁者，我们两不搭界，这两者根本就是八竿子打不着的事情。"

有时候，与人谈判时，我们可以运用幽默的语言以出乎意料的方式提出彼此都能接受的条件，迫使对方变换要求，从而改变己方在谈判中所处的不利地位。原本卓别林是处于不利地位的，不过聪明的他很快就想到了一个绝妙的主意，既然你不让用"独裁者"这个名字，那我就在"独裁者"前面加一个"大"字，与你们区分开就行了。

当谈判陷入僵局时，面对对方的无礼攻击，我们可以用幽默的语言巧妙逼迫对方做出让步。只需要说几句幽默的话，就可以让对方在莞尔一笑的同时，更好地理解自己。如此一来，我们获胜的概率就大大增加了。

面对他人的无礼攻击，有些人反唇相讥，借用对方的某些语句，借助比喻、夸张、反讽等修辞手法批评、讽刺对方，给予对方致命的痛击。但是，这种方法往往会导致对方陷入十分狼狈的境地，甚至会激怒对方。

作为一个聪明的谈判者，往往善于观察和思考，不放过任何一个可以展现幽默的机会，同时也会特别注意场合，看准对象，使幽默发挥出最大的效果。

略施幽默，就能平息客户的怒火

在谈判的过程中，经常出现这样的情况：一些谈判代表自恃地位高贵，或实力雄厚，在谈判时傲慢无礼，极力挖苦另一方，试图在气势上稳占上风，逼迫对方屈服；也有的谈判代表个人素质比较差，一旦谈判不顺利就恼羞成怒，侮辱、谩骂另一方。这种时候，如果不适时来点儿幽默，给客户消消火，很可能激化矛盾，使谈判夭折。

对谈判的双方来说，最重要的就是相互尊重。不管双方代表在个人身份、地位上有多么悬殊的差异，各自代表的团队在力量、级别上实力多么不同，一旦坐在同一张谈判桌前，彼此的地位就是同等的。

一次，一位客人在一家颇有名气的饭店点了一盘清蒸螃蟹。菜端上来后，客人发现盘中的螃蟹没有蟹腿。这位客人叫来服务员，不满地说："你们怎么搞的？难道这只螃蟹先天残疾？为什么它没有腿？"

服务员抱歉地说："非常抱歉，这只螃蟹并非先天残疾，而是后天造成的。"

客人疑惑地问："那请问是怎样造成的？"

服务员笑着说："您应该知道，螃蟹是一种十分残忍的动物，喜欢打架，所以它肯定是在打架时被同类咬断了腿。"

客人巧妙地回答道："那请您为我调换一下，我想要那只打胜的螃蟹。"

客人发现端上桌的螃蟹没有腿，因此责怪服务员，服务员巧用幽默打消了客人的怒气，最终避免了冲突的发生。

著名影星英格丽·褒曼在谈及幸福时，不无幽默地说："幸福就是健康加上坏记性。"人生在世，有太多不如意的事，如果事事都铭记在心头，岂不是太累了？从这个角度说，你也应该多一些宽容，怀揣一颗豁达的心，略施幽默，这才是平息愤怒的好方法。

一位女士怒气冲冲地闯进一家水果店，冲水果店的老板喊道："你们店还想不想做生意了？为什么每次我儿子在你们家买的水果都缺斤短两呢？"

听到这话后，水果店的老板并没有慌乱，而是非常有礼貌地回答说："女士，下一次他再来买水果，您那可爱的儿子回家后，请称一称他的体重，也许他比买水果前重一些。"

这位女士为之一愣，继而明白了水果店老板的话，顿时怒气全消，心平气和地向水果店的老板道歉。

水果店的老板认准了自己不会称错，于是只剩下一种可能，那就是馋嘴的小孩偷吃了水果。当客户愤怒时，水果店的老板为客户提供了一个很好的解决方法。他没有得理不饶人，反唇相讥，直接说"我不会称错的，肯定是你儿子偷吃了"或"你应该找你儿子的麻烦，为什么反过来找我的麻烦，真是不可理喻"。那样的话，不仅不会平息客户的愤怒，还会引发一场更大的争论。

在生意场上，有时候只需要适时来点儿幽默，就能转败为胜，平息客户的愤怒。所以，与客户发生分歧时，我们不妨先跟客户幽默一下，缓解一下紧张的气氛。

一般情况下，幽默的语言可以给人一种诙谐的情趣，使人在笑意中有所领悟，所以它常常是缓解紧张、平息愤怒的最好方法。

在谈判中运用幽默时，还要注意一点，那就是在说话前要先动动脑子，从正面、侧面、反面等多角度地想一想，找出各不相同的表达方式，选择其中最好的一种，以此达到预期的效果。其实，在谈判中，那些懂得幽默的人往往是最会说话、最能够说服他人的人。

在谈判中适时来点儿幽默，不仅能够钝化对立感，给客户消消火，还能在不经意的话语中维护自己的正当权益。

制造幽默悬念，激起客户的好奇心

在人类所有行为动机中，好奇心是最有力的一种。对于推销员来说，有许多方法都可以唤起顾客的好奇心，只要做到幽默风趣又神秘莫测，不留痕迹地引起对方的兴趣，就可以达到你的目的。

一般来说，相比普通的推销员，那些善于运用幽默语言"卖关子"的推销员更容易签单成功。因为很少有人能抗拒好奇心的诱惑，何况是那些本身就有购买欲望的客户呢？事实表明，交易能否成功，在很大程度上取决于推销员对客户所采取的诱导方式。

20世纪60年代，美国有一位很有名的销售员，名字叫乔·格兰德尔。大家为他取了一个有趣的绰号，叫"花招先生"。他拜访客户时，一般会拿出一个3分钟的蛋形计时器，把它放到桌子上，然后对客户说："请您给我3分钟时间，3分钟到了，最后一粒沙子会穿过玻璃瓶，假如那时您不希望我继续讲下去，我就离开。"

在推销的过程中，为了给自己争取足够的时间让顾客静静地坐着听他讲话，使顾客对他所推销的产品感兴趣，他会使用蛋形计时器、闹钟、20元面额的钞票等各种道具。

在实际推销工作中，营销员可以首先制造一些悬念，唤起顾客的好奇心，然后再顺水推舟地介绍产品。简单来说，不要直接表达出你的想法，而是要学会绕个弯子，把你的话埋藏在所说出来的话后面，不仅能唤起对方的好奇心，还能为自己争取推销产品的机会。

比如，向对方推销空调时，可以说："某某女士，请问您知道这个世界上什么东西最懒吗？"对方摇头表示不知道时，你可以接着说："世界上最懒的东西是您藏起来不花的钱，它们总是一动不动地待在您的钱包里。夏天这么热，把这些懒家伙拿出来购买空调，就可以让您度过一个凉爽的夏天。"

在一次贸易洽谈会上，一名潜在客户正在观看某公司的产品说明书，卖方不失时机地问："先生，您有什么需要吗？"

潜在客户回答说："没什么需要，这里没什么可买的。"

卖方说："没错，其他人也都是这么说的。"

正在那名潜在客户为此得意时，卖方微笑着说："但是，最终他们都改变了看法。"

那名潜在客户好奇地问："哦？为什么呢？"

就这样，卖方开始进入正式的推销阶段，最后把公司的产品卖了出去。

在这个事例中，潜在客户没有购买欲望时，卖方没有直接向他介绍公司产品的情况，而是绕了一个弯子，设置了一个悬念，对潜在客户说："其他人也都是这么说的，但是，最终他们都改变了看法。"从而引发了潜在客户的好奇心，争取到一个向其推销产品的机会。

在推销过程中，经验丰富的推销员往往能使用恰当的语言创造一种轻松愉快的场面。就算与客户产生意见分歧时，恰当的语言艺术也能转移或搁置矛盾，缩小甚至化解分歧。同时，在阐述意见和要求时，合理的语言表达方式既能清楚地说明自己的观点，又不至于激怒对方。

推销员在跟顾客进行面谈时，往往会绞尽脑汁想出一个吸引顾客眼球的开场白。你在开场就能唤起顾客的好奇心，往往意味着推销已经成功了一半。比如，假如卖的是电脑，首先不要问客户是否有兴趣买一台电脑，而是要问："您知道吗，有一种方法可以让你们公司每个月节省5000元的营销费用。"提出这类问题，往往更能点燃客户的好奇心。

假如你卖的是保险，可以对客户说："您知道吗，其实一年只需要花几块钱，您就可以防止火灾、水灾和失窃。"在点燃客户的好奇心后，你可以不失时机地说："我想向您介绍一下我们公司的保险产品，它完全可以解决您的这一需要。"如此一来，你就勾起了顾客的了解欲望，为进一步推销做好了铺垫。

美国杰克逊州立大学教授刘安彦说："探索与好奇，好像是一般人的天性。大家往往关心那些神秘奥妙的事物。"由此可见，好奇是人的天性，出于好奇心，人们往往对那些不熟悉、不了解或与众不同的东西最为关心。因此，你要抓住这一点，利用人们的好奇心，这样就可以帮你在最短的时间内接近对方。

第五章

累倒你的不是职场工作，而是你不懂幽默

在职场中，幽默的求职者最受欢迎，幽默感能够消除职员和上司间的距离，办公室里的"开心果"更容易建立良好的同事关系。另外，给同事提意见，缓解工作压力，"毛遂自荐"……都离不开幽默。本章告诉你这样一个道理：要想在职场中更得意，一定要幽默一些，化身职场中的"开心果"。

幽默是职场中最好的"减压阀"

现代社会环境瞬息万变，速度和效率的地位急剧攀升，因而职场人时常感受到一种莫名的心理压力和焦虑，而幽默则是我们最好的"减压阀"。幽默不仅能使职场人的心情变得轻松愉悦，谈笑风生，笑口常开，而且有助于在同事中左右逢源，事业成功。

很多有眼光、有见识的公司经理、董事长，都喜欢提拔那些能自我解嘲、改善环境、创造欢乐气氛的人。因为这些职员容易取得职员们的信任，让大家乐于接受他的看法和思维。有一家大公司的总裁曾经说过："我专门雇用那些善于制造快乐气氛，并能自我解嘲的人。这样的人能把自己推销给大家，让人们接受他本人，同时也接受他的观点、方法和产品。"如今，在招聘员工的时候，越来越多的大公司都倾向于那些具备幽默感的人才。

恰到好处的幽默能消除同事之间由于误解可能爆发的指责和争执，为职场关系的良好发展提供了动力。如果想在工作中不断进取，那你就应该很好地体味下面所说事例的深层含义。

有时候，弱者通常被人们看不起。有一个男职员，他所在的公司被另一家大公司吞并，巨大的人事变动打乱了他的平静生活，使他感到很不如意，新同事对他也没有好感，办公室关系很不协调。

有一天，这名职员又拖了后腿，他故作悲哀地说："我看大家都愿意我被辞退，因为无论什么事情我都是落在最后。"

谁知这句话收到了意想不到的效果，因为自嘲他获得了一次跟新同事们大笑的机会。这样，虽然他真有拖拉和办事效率低的毛病，但同事们看到他有一种诚恳的自我评价态度，对他产生了信任和亲近的感觉。由此可见，幽默感帮这位职员和大家建立了友好善意的共事关系。

某大公司里的一位部门主管，他每天都在想一个问题："部门内的人是不是真正喜欢我？"

一次，他从外面走进办公室，发现手下的职员们正聚在一起聊时事，可是一见到他，就马上匆匆忙忙奔向各自的办公桌。这位主管没有大发脾气，也没有任何的不满意，只是说了一句："看来你们对时事的了解并没有那么深入。"

这句话却产生了很好的效果。原来，这个主管过去总是板着脸训人，总是用"不许偷懒""工作时间不准娱乐"之类的话批评别人。这次他小幽默了一下，使职员们发现他原来也有不为人知的说笑一面。同时他也认识到，只要自己能和大家一起欢笑，那么自己也一定能得到所需的东西，即跟大家建立良好的工作关系。

要想在事业与工作上获得成功，免不了会遇到一些障碍，更免不了需要付出代价。假如让你担任领导，与他人协调工作，你会发现跟发挥个人的才能相比，处理众多的人事问题要困难得多。除了要有献身精神外，你还得不断鼓舞众人的士气，帮助大家解决工作上的困难，取得成员的信任和拥护。不然的话，你就会一事无成。此时，幽默的力量是可以帮助你接受挑战，并且在实践中获得成功的。幽默能告诉你如何轻松地对待挫折和失败，如何通过取笑自己来和众人沟通。

罗克尼是著名的足球教练，在一场比赛中，他曾运用幽默的力量，使自己所在的诺特丹球队反败为胜。

球赛进行到上半场结束时，罗克尼的球队比威斯康星队落后两球之多。在休息室中，他一直保持缄默，直到要上场比赛之际，他大喊道："好吧，小姐们，走吧！"这句话逗笑了全体队员，也传达了严肃的信息。

借助幽默的力量，罗克尼重振球员的士气，帮助他们忘记艰难的处境。他的幽默甚至还帮助球员们克服这种困境，最终，诺特丹队以3：2赢了比赛。

在事业和工作的路途上，我们会遇到一个又一个的障碍，其中最常见的就是人们在心理上对新的工作感到难以适应。究其根本，很大程度上来自对人际关系的忧虑。当然，挑战和困难实际上也是一种机会。要知道，获得成功是要付出代价的，比如学着把自己的某种能力和专长放在一边，在跟同事的交往上多下功夫。可能你是世界上最好的教师、职员、工人，但是让你当校长、经理或其他负责人的时候，你也许就会感到不能胜任，从而陷入困境。因为处理众多的人事问题比发挥个人的才能要更有难度。

举个例子，你不仅要有献身精神，还要帮助大家解决具体问题，得到部下的信任和拥护。否则的话，你很难有所作为。所有这些挑战，你应该当成是获得了某种机会。机会便是前进的动力。假如学会幽默，你就可以更轻松地接受挑战，并且在实践中获得成功。幽默能使你坦然对待挫折和失败，从而使得自己和同事建立良好的工作关系。

言谈幽默，调节办公室紧张的气氛

很多人觉得跟同事没话聊，特别是当彼此存在一些利益纠葛时，关系就会变得更加微妙。如果不巧碰到一起，只能随便聊几句诸如"今天天气不错""这周加班吗"之类的客套话。其实，同事一场完全没必要如此拘谨，这样紧张兮兮，不仅会使工作越发枯燥，还会让生活更加乏味。你完全可以尝试添加一些幽默元素，为闲聊增加一些乐趣，因为乐观和幽默可以消除人与人之间的敌意，并营造一种亲近的人际氛围。

职场人际关系对每一位职场人士都非常重要，可惜的是，很多职场人士对于处理同事关系感到棘手，抱怨甚多。其实，做个受人喜爱的同事很容易，只要你为人不坏，言谈风趣幽默，就能够笼络到周遭同事的心。道理很简单，人们都喜欢跟幽默的人一起相处，特别是在压力重重的职场当中，一颗能够为大家带来欢声笑语的"开心果"，想不受人追捧都难。

一天，王强公司所在写字楼的电力系统出了故障，办公室陷入一片黑暗，楼道里不停地冒出白烟。闻到异味后，各公司的人都冲了出去，个个紧张兮兮，不知如何是好。

这时，一位物业公司员工灵机一动，向各公司职员发放健康手册，以此转移大家的注意力。不一会儿，王强公司的美国老板从办公室里冲了出来，问王强发生了什么事。王强扬了扬手中的自救手册，答道："我们正在研究自救手册，看看在危难情况下怎样保护自己。"

老板和同事们都被他逗得大笑，笑罢老板又问："为什么不给我一本呢？"王强接着说："我会马上为您翻译的。"

工作中，各种无法预料的事件层出不穷。当大家因某事感到无聊和紧张时，你不妨来两句幽默语调节一下气氛。一方面，让同事和上司都感受到你的幽默风趣、平易近人；另一方面，让上司特别注意到你，给上司留下一个不错的印象。当然，这种幽默要把握好尺度，千万不要让其他同事觉得你在讨好巴结上司。

一次，马连良先生演出《天水关》，他在剧中饰演诸葛亮这一角色。

开演前，饰演魏延的演员突然因病不能上场，一位来看望他的同行便毛遂自荐，临时替演魏延。当戏演到诸葛亮升帐发令巧施离间计时，这个演员想跟马连良开个玩笑。本来，他饰演的魏延应该退场，可他偏赖在台上不走，还摇摇摆摆地对着诸葛亮一拱手，粗声粗气地说道："末将不知根底，望丞相明白指点！"

这个突如其来的情况并未难倒马连良。他先是微微一怔，随后对"魏延"一笑，说道："此乃军机，岂可明言？请魏将军站过来。"

这位同行见状，便凑到马连良跟前，看他扮演的"诸葛亮"到底有什么计策应对。只见"诸葛亮"稍微侧了一下身体，俯在"魏延"耳边轻声说了几句话，那"魏延"顿时微笑起来，口中连呼："丞相好计！丞相好计！"

说罢，魏延这才喜滋滋地下场去了。

这是一段临场随意加的戏，连台下的老观众也没看出其中的端倪。其实，马连良的"好计"只不过是压低嗓门，笑着对存心捣蛋的同行骂了一句："你这个王八蛋，还不快点滚下去！"

演员演戏如同歌手唱歌，翻来覆去一遍又一遍地演，再精彩的戏也会让演员自己觉得单调而枯燥。于是，替演的演员突发奇想，在舞台上跟"诸葛亮"开了个小玩笑，二人一唱一和现场"加戏"，台下观众看不出不妥之处，两个人表演得也是天衣无缝。后来，这段加戏成了剧场中的一段佳话，一直被演员及观众们津津乐道。不过，此类玩笑只适合在熟人面前开，如果对方是不太熟的同事，甚至在工作上存在竞争关系的话，那这样的幽默恐怕就有整人之嫌了。

在工作间隙，李健和几位同事坐在一起闲聊。

一位心性刻薄的同事说："有些人的腿太长，而有些人的腿又太短，看起来特别难看。"

另外一个同事问李健："那么，你觉得一个人的腿应该多长才恰到好处呢？"

"我想，它们应该最少长到能够碰到地的长度。"李健随口答道。

大家哈哈一笑，笑的同时不禁为李健的幽默所折服。

这是一个无聊的问题，如果较真的话不仅毫无意义，也更显乏味。跟同事交谈时，假如你也碰到了类似无意义，或者一时无法回答但又不得不答的问题，也可以学学李健的招数。它的妙处在于伸缩性强、有一定变通性、语意不甚明确，这样就使得谈话变得有趣起来，同事间的交谈也更有情趣。

特别是在工作紧张的时候，你说一个小幽默开开玩笑，不仅可以有效缓解紧张气氛，帮助同事放松神经，还能让你的形象也变得更可爱、更亲切。

打个比方：你所在的部门正在做一个大项目，全体人员绷紧了神经。好不容易熬到了午饭时间，一位美国同事不小心把可乐打翻了，汉堡也滚落到地上。她为此大为恼火，一边清理一边不停地唠叨说，蟑螂部队准保会在下午大规模地袭击办公室。这时，你不妨微笑着说："绝对不会发生这种事，因为我们中国的蟑螂只爱吃中餐！"轻松的一句幽默，就可以使同事紧张的神经得以放松，你们的关系也会因此更近一步。

当然，我们跟同事玩幽默不能无所顾忌地乱开玩笑，应该注意把握分寸、分清场合。特别是外国同事，开玩笑更要谨慎一些，应该先了解国与国之间的文化背景和职场习惯，因为某些文化差异可能会令你陷入哭笑不得之中。

作为一名职场人士，建立良好的职场关系，得到同事的尊重，无疑对你的生存和发展有着重要的意义。而且，人际关系和谐，工作环境也会变得轻松愉快，这会帮助你忘记工作的单调和乏味，用良好的心态去面对工作、面对生活。

幽默管理，上下级关系更融洽

在美国芝加哥，有一个专门制作和发行有关幽默训练方面电视片的机构。它现在正为12000家美国公司提供"幽默"服务，特别是公司的管理者，不管多忙，他们都会抽出一定的时间学习幽默管理。据相关研究发现，有幽默感的主管往往更富有人性化色彩，也更容易得到员工的尊敬和爱戴，这就是幽默感越来越受到重视的原因所在。

有见识的主管都明白，幽默不仅仅是儿童的把戏，只要自己能让员工们开心起来，跟手下的职员打成一片，公司的生产效率就会大幅度提高，而这是公司发展的原动力。

公司有一个职员经常迟到。主管把这个职员找来，面带笑容地对他说："你经常迟到，应该都是闹钟的问题。所以，我打算给你定制一个人性化的闹钟。"

"人性化的闹钟？"职员听了有些费解，不知道一个闹钟怎样会有"人性化"。

"好吧，我给你具体解释一下。"主管对职员眨了一下眼睛，轻松地说，"它先闹铃，你要是不醒，它就鸣笛；再不醒，它就敲锣；再不醒，就发出爆炸声；还是无效，它就对你喷水。假如这些都叫不醒你，那它就会自动打电话给我帮你请假。"

遇到经常迟到的员工，绝大多数管理者都会给予严厉的批评，而且一次比一次严厉，甚至下达最后通缉令："再迟到明天就不要来了。"

当然，在进行管理的过程中，批评与责备是不可或缺的，但在某些场合，指责和批评很难取得好的管理效果。正因为如此，这位主管通过幽默的方式侧面给予批评，通过满面的笑容来进行管理，这不仅淡化了批评与责备的意味，保全了对方的自尊，并且达到了管理的目的。从另一方面来说，这种管理往往更容易打动员工，让他自觉、自省，并积极改掉自身的毛病。

卢瑟福有个学生，总是不眠不休地待在实验室里。某天深夜，卢瑟福无意中又在实验室里看到了他。

卢瑟福问道："这么晚了，你还在这儿做什么？"

"我在工作。"学生满脸得意地回答，很为自己的勤奋感到自豪。

"那你白天都在做什么呢？"

"白天也在工作。"

"那么早上起来呢？"

"当然，教授，我早晨也是在工作。"说到这儿，这名学生越发得意了。

这名学生本以为，接下来老师一定会夸赞他，谁知卢瑟福竟然微笑着说："请问，你用什么时间来进行思考呢？"

　　擅长工作的职员，首先会先思考最佳解决方法，努力争取高效率短时间地解决问题。可是，总有个别职员像卢瑟福的学生一样，觉得马不停蹄地工作就可以得到上司的赏识，这是大错特错的。假如你的公司里就有这样"死脑筋"的员工，你不必直接劝他休息一下，把精力放在提高工作效率上，而应该学学卢瑟福，用幽默的口气反问对方，让他自己去领悟。这样劝阻的方式既自然、轻松，又富有哲理，很容易让职员在微笑中接纳你的建议。

　　总经理吩咐女秘书，要尽快把一份商业保密文件打出来。可是，女秘书那天状态非常糟糕，她马马虎虎地把文件打完，稀里糊涂地交了差。
　　看到错漏百出的文件后，总经理故作调侃地说道："小姐，尽管我告诉你这是一份商业保密文件，但你也没有必要如此认真听话，竟然瞧也不瞧，闭着眼睛把它打了出来。"

　　任谁都听得出，总经理说的是一句反话。从字面上看，他好像在夸赞女秘书打字技术高超，可实质上，他是暗示文件打得太差。这位总经理是位聪明的管理者，尽管跟秘书是上级和下级的关系，可要是批评、指责得太过直接的话，还是会对双方的关系造成负面影响。于是，他通过幽默暗示表达了自己的不满，对员工的消极态度进行了委婉的批评。

当然，发挥幽默还应该先看清场合和条件。假如当时的条件并不具备，你却要尽力表现出幽默，其结果往往会勉为其难，大家甚至会为了是否有必要发笑来附和你而感到左右为难。这会令双方都陷入更尴尬的境地，也不利于跟员工打成一片。

最后还要提醒各位管理者，管理型的幽默应该尽量做到高雅，内容也要积极健康、乐观向上。乐观积极的幽默，可以对员工进行正面、积极的引导，使上下级关系更加和谐，工作效率也会随之提高。反之，假如幽默太过低俗、消极，整个公司的氛围也会受到不好的影响。

第六章

想要爱情更长久，幽默保鲜少不得

如果你急于脱单而不得，如果你一见到心仪的对象就不知道说什么，如果你深陷感情的泥淖挣脱不得……那么本章的内容恰好就是你的良方。在这章中，剖析了能够瞬间拉近双方距离的话术，并配有真实的实践案例；解读了怎样让对方喜欢上你，让你释放吸引力，或武装自己；分析你们感情破裂的原因，教你巧施妙计就让他对你上瘾；传授鉴别渣男和"吊打"情敌的方法，让你找到自己的真命天子。

富有浪漫情趣的书信，更能打动对方

在求爱的时候，情场上的胜利或失败，跟书信的写作水平至少有50%以上的关系，因此，写情书、发情话短信都要讲求一定的语言技巧。

老舍先生在33岁时，就已经是文坛著名的作家了，但还未成婚。当时，朋友们发现他跟胡絜青的性格和爱好非常接近，于是就刻意撮合，大家轮流请他俩吃饭。

赴宴三次后，两人已经领会了朋友们的好心。于是，老舍给胡絜青写了第一封信，内容如下：

"我们不能总靠吃人家饭的办法会面说话，你和我手中都有一支笔，为什么不能利用它——这完全是属于自己的小东西，把心里想说的话都写出来。"

信写得真诚而坦率，胡絜青自然是没有异议了。他们相约，每天都给对方写一封信，假如哪天老舍没有收到胡絜青的信，他就跟丢了魂一样坐立不安。

不管是情书还是手机短信，都是用来表达内心的真挚情意的，所以必须写得情真意切，才能打动心弦、赢得芳心。书信也是一种非常强烈的"印象装饰"，因为它企图通过优美的文辞和修饰过的语句，来传递爱慕之情并打动对方的心。幽默的求爱、求婚方式，似乎更有魅力，更富有打动人心的浪漫情趣。

1780年，富兰克林丧偶后独自在巴黎生活，他向他的邻居——一位迷人而有教养的富孀艾尔维斯太太求婚。

在给艾尔维斯太太的情书中，富兰克林说，他梦见自己的太太和艾尔维斯太太的亡夫在阴间结了婚。接下来，他又写了一句话："我们来替自己报仇雪恨吧。"

后来，这封情书被评为文学的杰作、幽默的精品。

恋爱时，写情书具有投石问路的作用，可以试探对方对自己究竟有没有"那种意思"，假如过于庄重严肃，一旦遭到回绝，势必一时在情感上无法承受，极有可能会陷入痛苦之中。要是恰当地运用幽默的技巧，以豁达的态度对待恋爱问题，就算得不到爱，也不至于懊悔，不会让自己的自尊心受到创伤。

有一位男青年给女友发了一个短信，内容是：

"昨夜，我梦见自己向你求婚了，你怎么看呢？"

他的女友巧妙地回答："这只能表明睡眠时的你比醒着时的你更有人情味。"

　　善于在遣词用句上花一些工夫，以幽默风趣的谈吐制造出一种轻松甜蜜的交际氛围，不知不觉中，你就会获得意中人的青睐。可以这么说，假如爱情中失去了幽默和笑，那么爱也失去了存在的意义，因为幽默是爱情的开始。

幽默暗示，委婉表达热恋中的想法

古诗云"我泥中有你，你泥中有我"，正是热恋情侣如胶似漆般难以离分的真实写照。如果想让爱更亲密，不仅需要双方用心营造浪漫的气氛，还需要恋人用机智与幽默表达出自己内心深处的浪漫情怀。否则的话，很容易在爱情的角力中败下阵来。

恋人之间，随着相爱程度的加深，自然而然会有肢体的接触，会出现亲昵的举动。这一切都是正常的、恰当的。不同的是，有的人比较大方，而有的人有些胆怯。面对羞涩的爱人，也许你可以试着用幽默破除他心中的疑虑。

一个小伙子性格比较内向，虽然很想跟女朋友亲近，但就是缺乏勇气做实质性的尝试。他的女友也很着急。

一天晚上，小伙子和女友在花园里约会，女友突然想到了一个鼓励他亲近自己的办法，她对坐在身旁的男友说："听人说，男人手臂的长度刚好等于女子的腰围，你相信吗？"

小伙子立刻拉着女友站了起来，然后挽住了心上人的柳腰，温柔地说："来，我给你比比看。"

女孩主动说出了男友一直不敢提的要求，聪明幽默地表达了想跟男友"亲近"的想法，而又避免让自己陷入尴尬。这样的女孩如何能不让她的男朋友喜欢呢？

一个小伙子悄悄从后面蒙住了恋人的眼睛："给你三次机会猜猜我是谁？猜不中的话我就要吻你了。"

女友俏皮地说："你是莫扎特、徐志摩，还是达·芬奇？都不对呢？算你赢了！"

谁都听得出，女友故意说错这一串人名，是在幽默地暗示男友"吻我吧"，估计男友心里也是乐开了花。

当然，大部分女孩子都是羞涩而拘谨的。因此，当男友打算表达亲近需要的时候，要格外注意暗示的幽默技巧，委婉地争得女友的同意。比如，遇到比较羞涩的女孩，小伙子在提出亲昵请求的时候，一定要懂得采取另外的方式。

烛光晚餐、鲜花红酒，都是营造浪漫的绝佳武器，假如想让这种浪漫气氛更为浓烈，那就多想些幽默招数来锦上添花吧。

一个小伙子为女友捧上一束鲜花，女友见了一时高兴，激动地抱着他就吻。谁知小伙子却挣脱向外就跑。

女友不解地问："有什么事啊！"他兴奋地说："再去拿些花来。"

　　小伙子幽默地将鲜花数量跟亲吻数量联系起来，营造出一种令人忍俊不禁的效果来，同时将自己的爱意暗自传递出去，女友自然会感受到他的浪漫，心甘情愿地再次献上热吻。

幽默双人舞，让爱情生活始终保鲜

爱情之火燃烧到一定程度，就该开始二人的城堡生活了。很多人有过从爱情到"城堡"的体验，不过他们的感受是当初的爱火似乎熄灭了，妻子抱怨丈夫好吃懒做、不理家务、感情迟钝，丈夫觉得妻子缺乏激情、枯燥乏味。不管是爱情还是家庭，都依赖一种双向的合力运动，成亦在此，败亦在此。

没有人不希望婚姻甜甜蜜蜜，家庭幸福美满，享受无穷无尽的温馨和乐趣，将爱情进行到底。对于每一个做丈夫或做妻子的人来说，希望婚姻生活幸福美满都是一个美好而且不算过分的要求。然而，在日常生活琐事的冲突中，如果保持这种朴实的幸福，使自己的爱情始终如恋爱一样美好，仅凭主观想象和愿望是不够的，还要有一种技能——用幽默助燃爱情之火，将爱情进行到底。

富兰克林曾经说："婚前要张大眼睛，婚后半闭眼睛就可以了。"因为那些婚后睁大眼睛的人，往往会抱怨自己婚前瞎了眼睛。因此，任何一个成了家的人，不要随便去否定自己的眼力，应当试着以幽默去经营自己的爱情。假如没有根本性的、重大的分歧，幽默将使婚姻生活始终处于保鲜期。

有一位男士，非常有幽默感，为人脾气随和，他的妻子似乎被他传染了，也很有幽默感，两人经常跟彼此开些小玩笑，丰富两人的感情生活。

有一次，乘坐电梯，里面只有三个人。这位男士目不转睛地盯着旁边那位美丽的长发女郎，他的妻子不高兴了。

突然，那个女郎转过身来，给了这位男士一巴掌，嘴里说道："给你个教训，下次别偷捏女孩子！"

当夫妻俩走出电梯时，这位男士委屈地对妻子说："我真的没有捏她！"

妻子说："我知道，因为我捏了她。"

为了教训一下丈夫的失态，妻子巧妙地利用了女郎常规的心理反应，使女郎判断失误，让丈夫有苦难言。对一个具有幽默感的丈夫来说，这种惩罚称不上过分，而且有的丈夫还会用欣赏的眼光来看待妻子。而对那些毫无幽默感的丈夫来说，妻子最好不要自作聪明玩这种鬼主意，否则，很可能会让自己陷入难堪。

在现实生活中，我们经常会遇到一些聪明的夫妇，他们都善于以开玩笑的方式来表达爱情。因为懂得幽默，所以他们过得很快乐。

丈夫跟朋友损妻子："我老婆从来不懂得钱是什么，她觉得任何商品都是5折的东西。"

妻子也不甘示弱："所以我才会嫁给你啊，因为你的聪明也是打过折扣的。"

睡前，丈夫跟妻子说："记得叫醒我看足球现场直播啊。"

妻子说："明天看重播不一样吗？"

丈夫回道："新婚跟二婚能一样吗？"

夜过半，妻子大声对丈夫嚷嚷："快起来看你的新娘子。"

妻子第N遍提醒丈夫："不要忘了，明天是我们的结婚纪念日，你说我们该如何庆贺一下呢？"

丈夫考虑了一会儿说："到时候，咱们安静两分钟，怎样？"

很多人觉得，生活是时间的形态。在家庭生活的漫长岁月中，这种形态会显得呆板而凝固。于是，便出现了节日、生日等活动，人们在诸如此类的活动中怀念某些值得怀念的时刻，其最终目的是为了留住美好的爱情。

所以说，我们应该牢记生活中某些有意义的时刻，让直达人心灵深处的幽默产生长远的影响，以便将来回顾这一时刻时，仍然会露出幸福的微笑。罗钦斯基夫人在其名著《生命的乐章》一书中，记载了这样一个故事：

别人问罗钦斯基："你生了儿子，满意吗？"

他回答说："这得问我夫人，因为孩子是她生的。至于我，诸位，我平生最满意、最辉煌的成就便是我竟能说服她嫁给我！"

罗钦斯基夫人马上接着说："我为他生了孩子，却丢掉了皇冠！"

一刹那间整个屋子充满了笑声。

不管是做妻子的还是当丈夫的，恐怕谁也不会把这些愉快的时刻忘掉。

即便是在双方发生分歧的情况下，如果你能撇开严肃的态度，以幽默来暗示责备，那么就算你选择半讽刺、半宽容的幽默，也可以将愉快而不是伤害传递给对方。

丈夫："你出门时，能不带那只怪模怪样的花狗吗？"

妻子："我觉得那条花狗挺可爱的。"

丈夫："你非要带着它，是想以它作对比，显示出自己的美貌吧？"

妻子："你真糊涂，假如想那样，我还不如带你出去呢！"

在婚姻生活中，不仅需要有温柔的感触，不断激荡的热情，更离不开幽默的魔法。这种魔法可以表现出你的灵巧、有趣、富有朝气，它能使爱情之火一直燃烧下去。

某病理学专家在报纸上发表了一篇名为《论吸烟的危害》的文章。

妻子问："报社给的稿酬你都干什么用了？"

专家回答："今天上午买了一条'软中华'，请客了。"

　　这对话不失为一个良好的开端，之后的整个晚上，他们的家里都会充满欢笑。一般来说，这种润滑生活轮子的幽默往往会暗含着善意的讥讽，但我们不需要为此担心，因为它产生出来的是情感的火花，能使双人舞更加和谐美妙。

恋爱一方做错事，用幽默来弥补

俗话说得好："相爱容易相处难。"恋爱如同共舞一支双人舞，再高超的舞者也免不了有踩脚的时候。犯错误是恋爱中很难避免的事情。那么，当恋人间的一方做错了事或有过失的时候，难免要给一个解释，这种时候，用简短的幽默可省去一大段解释，也能避免对方没完没了的埋怨。比如：

钱小小没有时间观念，跟男朋友约会常常会迟到半个小时。

第一回，她进行了自我责备："我迟到，我有罪，我罪该万死！"

第二回，她转守为攻地说："我看是你的表拨快了半个小时吧！"

第三回，她还是有理由："我的表是按北京金秋时间，比夏令时慢半小时呀！"

她每次都有办法为自己狡辩，逗得男朋友对她又爱又恨。不过，天底下有哪个女孩跟男友约会不会迟到几次呢？于是，男朋友也就一笑了之。

钱小小靠着幽默解释了自己的过失，也得到了男友的原谅。但是，迟到终究是不妥的，恋人能够容忍，是因为有爱情的力量，所以大家还是谨慎一些。如今，"野蛮女友"是越来越多，这不仅仅体现了现代女性的个性化，更是现代男性包容女性的结果。可是，男人大多好面子、爱吹嘘，所以很容易出现面对女友"当面羊，背后狼"的情形。就像下面这位：

　　一个派对上，大家玩得非常尽兴，小李对赵武说："听说你女友是个'河东狮'？"

　　赵武为了面子只得跟朋友吹嘘："哪里，她见了我像见了老虎一样！"

　　谁知这话被女友听到了，大骂道："混账，你说谁是老虎？"

　　他只好讨好地说："我是老虎，你是武松呀！"女友被逗笑了，气也消了。

　　上面的赵武就是巧妙地运用了"武松打虎"的典故，安抚了盛怒中的女友。面对"野蛮女友"，你也可以试试这一招。在明确自己做错了的情况下，你不妨以幽默的方式跟你的恋人一起笑，笑你犯下的错误。当然，生活中的某些小错误是无法依靠一个简单的自嘲来弥补的。假如你惹得恋人生气了，又拉不下脸来道歉，应该怎么办呢？

　　一对恋人吵架了，女友气得转身就要走。小伙子一把抓住女友的手，把她拉到附近的餐厅里，温柔地说：

　　"亲爱的，要走，先把饭吃了，你才有力气走；要吵，也得先吃饭，你才有精力跟我吵架啊。"

见男友这样来逗自己，女友也忍不住笑了。

小伙子的话，不仅用幽默逗笑了女友，还传达出了深深的关爱之意。小伙子的幽默就像及时雨，使双方的矛盾隔阂很快消除。假如双方因为一时的矛盾已经僵了好几天了，又该如何破冰呢？下面这位小伙子的做法倒有几分创意：

一个小伙子犯错惹怒了女友，女友连续好几天都不理他。小伙子只好将一袋女友爱吃的香蕉和一罐红豆放到女友家门口，并附上一张字条，上面写道：

红豆生南国，春来发几枝。

愿君多采撷，此物最相思。

送你一香蕉，愿解心头锁。

唯有一事求，请你原谅我。

红豆寄相思，香蕉表歉意。看到小伙子那么有才情的诗句，女友必定忘却心里的不快，回以嘴边的莞尔一笑吧。

一位恋爱专家曾经说："只要怀着一颗热爱生活的心，有着一双善于观察生活的眼睛，珍惜几世修来的相知缘分，爱之幽默便会像喷泉一样不断地涌出。"

委婉幽默地回绝，对方更容易接受

歌德曾经说过一句名言："哪个青年男子不善钟情，哪个妙龄女郎不善怀春？"的确，男男女女在一起，本来就免不了暗生情愫。而在恋爱伊始，总需要有一方先行求爱，假如两相情愿，那自然是皆大欢喜；假如不爱对方，那最好想办法巧妙地拒绝，尽量不要让对方下不来台，给对方留些情面。

有这样一个求爱故事：男孩很喜欢女孩，一直都紧追不舍。可是，女孩对男孩一点都不感冒，她冷冰冰地对男孩说："你到底喜欢我什么，我改还不行吗？"如同骂人的最高境界是不带脏字一般，拒绝告白的狠手段也不过如此。尽管这会让对方立即明白你的心意，但未免有些过于残忍，要是惹得对方因爱生恨，那后果可就不堪设想了。

所以，拒绝求爱的言辞一定要格外谨慎，最好不要让对方产生被看不起的想法，应该尽量机智幽默地表明心意。可以得到别人的倾慕是你的魅力，有能力巧妙地拒绝示爱则是你的另一种魅力。

古罗马帝国女数学家希帕蒂娅长得特别漂亮，时常有英俊少年、贵族子弟跑来向她示爱，对她展开强烈的爱情攻势。望着桌前堆成小山状的求爱信，希帕蒂娅非常头疼，她对爱情抱着慎重和严肃的态度，当然不会轻易接受别人的求爱。

于是，希帕蒂娅拒绝了所有的求爱者，她的拒绝理由也只有一个："我不能接受你，因为我已经献身真理了。"

对于不合心意的求爱者，你当然要坚决地推辞掉。但是，推辞的语言要恰当，要委婉幽默，既要将自己的意思表达清楚，让对方没有心存幻想的余地，又不能让对方觉得你不近人情。这些借口不会损害对方自尊心，不仅能保全他人的面子，还可以表明自己的心迹，堪称美妙得体、委婉含蓄。

假如你不喜欢对方，又感受到了对方的心意，在对方正式对你表白之前，最好想办法提前表明心意，这样就可以避免暧昧，也不会让对方误解。如此一来，对方会主动放弃对你的追求，双方也不会尴尬，做不了情人也别变成敌人。不然，当无法避免同处一室时，两个人都会觉得尴尬。

假如是私下示爱，无论你如何讨厌对方，都要很有礼貌地先表达谢意，然后再婉转地拒绝对方。就算对方紧追不舍，你也要时刻注意自己的态度，言辞必须真诚、友善、婉转，使对方容易接受，千万避免不礼貌的挖苦和辱骂。比如，略带诙谐地对他说："谢谢你，请你不要因此而难过，我会永远欣赏你的好眼光的！"这样的回答，会让对方在笑声中了解你的真实心意，更会感受到你传递的温暖信息。

最后还要提醒大家一点，拒绝他人求爱后，我们要注意帮对方保密，特别是同学、同事之间，以免让对方陷入尴尬，不好做人。当年，著名数学家陈景润拒绝了众多爱慕者的求爱后，便将她们的求爱情书一一烧毁，他说："这些姑娘以后还要恋爱、结婚，我一定为她们保密，扩散出去会对她们有影响。"

大方幽他一默，"被分手"不丢丑

失恋对人造成的创伤非常严重。生活中，有些人在失恋后做出一些极端的事情，选择轻生的人不占少数，更严重的还会拿出刀枪，以死相威胁，听来让人不寒而栗。"被分手"已成事实，你已经失去了爱情，这时请努力保全你的尊严，莫让自己输得一败涂地。

我们不能否认，失恋的确让人痛苦万分，特别在自己不想分手，而对方坚决提出分手的情况下，就更不容易释怀。这种"被分手"的失恋给人的感觉跟嘴里长了溃疡相差无几，越痛越想去舔，越舔却越感觉到痛。但是，无论如何你必须记住一点，失恋可以痛苦，可以难受，但千万不要让自己失态。我们可以失去爱情，但绝不能因此而在对方面前丢丑。

也许，被甩的瞬间让你觉得尴尬、觉得落魄，内心更是犹如万箭穿心一般，但不管怎样，都请你不要失了姿态。失意落魄不可怕，被甩、被背叛也不可怕，可怕的是你在对方面前失了尊严、失了面子，让对方暗自庆幸，觉得离开你是件正确的事情。所以，"被分手"时请不要难过，大大方方地幽他（她）一默，甭管是出于真心还是假意，都送上一句"祝福"，好聚好散，至少让彼此拥有一个美好的回忆。

那红的男友和那红相恋仅半年，就移情别恋，迷上了另外一个小女生。为了给那红留些颜面，他模仿辞职信的样式，给她写了封分手信，请辞"情人一职"。那红看到信非常难过，但男友是自己的属下，她不想因此失态。后来，那红写了这样一封回信：

您好：

关于您请辞的提议，经过董事会开会讨论，以下决议事项向您说明：因您当初面试时的职务为情人，标准要求自然很高。尽管试用期间你的表现不佳差点被开除，但念在你苦苦哀求且信誓旦旦地说明自己能够改进与胜任，才予以留任。如今您自愿请辞，董事会当然应允，但自动离职是没有遣散费的。假如您愿意，马上将您调转朋友部门，另施重用。

董事会成员代敬上

那红是公司女董事，而男友偏偏是其下属，如果在分手一事上有什么失态行为，日后很难在公司树立领导威严。于是，她也用回复职员辞职信的方式，给男友写了一封回信，并大方地表示可以继续做朋友，以此减轻对方的心理压力。对待分手有如此的度量，实属难得。当然，这种分手幽默不是每个女孩子都施展自如的，但直接拿来效仿也未尝不可。就算你无法表现出那红的气度，至少让对方明白你有一颗努力坚强的心。

失恋之后，人的幽默反应一般有三种。第一种，就是宽宏大度式的幽默，就像上面这位很有决断力的女董事那红，她能把"被甩"这件事等同于公司日常事务一样，大脑仍能冷静地保持正常运转，做出最合宜的反应，以寻求利益的最大化。当然，这很考验一个人的理性程度，假如你不够冷静，头脑运转又有些滞后，也可以尝试另外一种途径，以自嘲为自己解决困境。

除了宽宏大度式的幽默之外，就是略带报复意味的小幽默了，分手可以接受，但会想办法让对方知道点厉害。下面给大家举个例子：

春华的男友爱上了别人，提出要跟她分手。春华真诚地表示挽留，竟然被断然拒绝，而且男友一点儿情面都没给她留。几天后，春华找了个借口约男友出来见面，然后大大方方地递给他一本包装精美的礼物，微笑着祝他幸福，然后潇洒地转身离开。

当然，给礼物时她要求前男友在自己离开后打开，因为那礼物是一本名为《自恋狂的自我检测》的书籍。

假如你觉得自恋狂之类的有些过火，也可以买本《坚决地和第三者说"NO"》《男人不该劈腿的N个理由》，等等。总之，书的名字最好有些讽刺意味。要是买不到称心如意的书，你也可以随便找本书，在封面贴张白纸，自己写个非常显眼且极具讽刺的书名。总之，你要让负心人在看到书名的一刹那，露出惊愕且负疚的表情。当然，这类幽默的恶作剧千万不能失了分寸，假如幽默过火变成人身攻击，可就会降低你的水准了。

相比较来说，创造后一种幽默要更容易得多，因为气场氛围比较贴近。只要你曾经认真投入到一段感情当中，"被分手"后自然会心痛到极致，脑子里很容易产生报复的想法："我就那么好欺负？我一定要给你点儿颜色瞧瞧！"如果被这种情绪所控制，创造"恶作剧式"幽默的概率必然会高一些。

假如想让自己活得快乐、活得洒脱，我们就要学会放下一些已经不属于自己的东西。在谈及"幸福的秘史"时，著名影星英格丽·褒曼就曾幽默地说："幸福就是健康加上坏记性。"你我都免不了有失恋的经历，与其沉溺其中让自己太累，倒不如学着宽容一点儿、豁达一点儿、健忘一点儿，也许下一段幸福就在拐角处。

第七章

家庭矛盾不断，让幽默来做润滑剂

　　粗鲁抨击容易导致家人不和，而幽默地提意见，家人更容易接受。长辈总端着架子，容易和晚辈产生间隙，而幽默则可以拉近两代人之间的距离；给孩子讲大道理，他很难听明白，而小幽默孩子更易懂；和婆婆搞好关系，几句幽默的赞美可以收到不错的效果；长辈有偏失，借助幽默提出来更容易令其接受。无论对老人还是小孩，幽默都是家庭和睦的润滑剂。

妻子爱唠叨，丈夫幽默说笑来引导

仔细观察你身边已为人妻的女人，你就会发现，一些品位不高雅、爱唠叨的妻子往往是缺乏幽默感的妻子。她们说话有口无心，经常沉醉于自我宣泄之中，全然不顾自己说了些什么，说得是否合适，是否正确，从不理会别人有什么反应，等等。

要改变她们这种唠叨的毛病，除了增加她们的文化修养外，最便捷而有效的方法是给她们灌输一些幽默感和幽默技巧，帮助她们形成说话的幽默性。怎样给唠叨的妻子灌输幽默感呢？关键是丈夫自己要先学会并积极使用幽默，然后用幽默的家庭氛围给妻子以感化和熏陶。

赵先生正好有一个爱唠叨的妻子。一天，赵先生下班后帮助朋友办了件事，晚回家一个小时。

刚一进门，他就撞上了老婆没完没了地唠叨："这年头男人都不愿意回家，多少家庭就这样被搞得妻离子散。老公你可不能对我昧了良心，我可是死心塌地地跟你，真心爱你的。我每天煎炒烹炸为了啥，还不是为了讨你欢心吗……"

满脸疲惫的赵先生听得心烦意乱，但他没有正面解释，而是诡秘一笑，说："你还真给说对了，还真有这么一个人拉我上他家一趟。"妻子一听就傻了，忙走过来气势汹汹地问："是谁？今天你要说不清楚，咱就找个地方去说理。"赵先生哈哈大笑："就是那个小孙，他让我帮他搬家具。亲爱的，你让我感到自豪啊！你看你，都快成联合国秘书长了，为那么多大事操心。"

听赵先生如此说，妻子不好意思地笑了，赶紧躲进厨房里面去了。

赵先生的幽默肯定会刺激妻子的神经，并引起她的警醒和对自身的反思。培养唠叨妻子的幽默感，是一个循序渐进的过程。作为丈夫，可以买一些幽默的书报杂志放在家里，让妻子随时翻阅，让妻子明白使用这些幽默能产生什么样的表达效果，而自己又应该怎样说话；可以陪妻子多多欣赏幽默小品，分析别人的行为幽默在什么地方，又好在什么地方；日常交谈要尽可能幽默一些，多想办法引导妻子学会幽默地唠叨。

家庭的温情主要是通过语言的交流获得的，可很多时候，妻子在家里守候着公婆儿女，等来的却是丈夫的沉默以对。他严肃古板的神情、郁郁寡欢的神态，让妻子没办法不唠叨几句。

丈夫不愿说话的原因有很多，假如不是性格孤僻，那么很可能就是遭遇了什么不顺心的事，如工作压力大，或是妻子的某些言行伤了他的自尊。这些不同的原因对于跟丈夫朝夕相处的妻子来说，应该是很容易识别的。

一个男人欠了对面街上一位小气鬼的钱，对方要求第二天必须归还，所以他一整天都闷闷不乐，晚上更是翻来覆去睡不着。

他妻子问明缘由后，下床来到窗前，冲着对面小气鬼的房子喊："对面屋里的人听着，我老公决定明天不还你的钱了。"然后，她转过头来对老公说："现在好了，你安心睡吧，该轮到对面那位无法入睡了。"

这则幽默体现了妻子帮丈夫排忧解难的聪慧和她对丈夫的关爱。家庭生活中，当丈夫遇到烦心事，心情沉重的时候，如果想让丈夫开口说话，就不能靠挖苦抱怨、恶言相激迫其开口，而应该靠幽默相诱、温情劝导打开他的话匣子，让他主动走出自我封闭的状态。有这样一则幽默故事：

小丽和丈夫小吴两个人都是老师，但他们在不同的学校工作，彼此的学校相隔数十里，一周才能见一次面。

某个周末，小丽高兴地迎接丈夫进屋之后，却发现他眉头紧锁，苦着一张脸。小丽虽然心里感到诧异，但仍旧笑容可掬，她温柔地帮丈夫倒了一杯水，递到丈夫手上，说："本周我有一件喜事要跟你分享，你先猜一猜是什么喜事？"丈夫闷闷不乐地回答道："你尽是喜事，我可没心思跟你同喜，我的世界全部都是伤心事。我给学生订购了一份复习资料，他们诬陷我捞回扣，非法牟利，我如今都成了领导们反腐倡廉的靶子。"

小丽非常清楚事情的严重性，但她还是沉着地劝慰丈夫："老公,你不要有太大压力,事实终归是事实,法律也是讲究证据的。咱们先高高兴兴地度过这个周末,等周一咱精精神神、轻轻松松地跟他们评理去。"

小丽不愧是一个贤惠的女人,当丈夫遇到不开心的事情时,她故意说自己有喜事要告诉他,进而借此引出丈夫的心里话。当丈夫将自己所遇到的麻烦和盘托出后,她又好言安慰,帮丈夫减轻心理负担。幽默相诱的方法,本身就不可能回避妻子与丈夫之间的温情和爱。

要机智地对付妻子的购买欲

女人充满购买欲，好像是天经地义的事。但是在一个家庭中，假如女人的购买欲望过于强盛，则无异于一个无底的黑洞，这多少会让丈夫们感到尴尬羞愧，但这难不倒那些拥有幽默感的丈夫。

一位喜欢打扮的女士对丈夫说："昨晚我梦见你答应给我500块钱买大衣了。你可以成全我的美梦吗？"

丈夫说："没问题。说来也巧，我昨晚也做了一个同样的梦，我记得已经把钱给你了。"

妻子要买大衣这件事，显然是早就有想法的，但是又不好直接开口，于是就假借做梦来跟丈夫提出。这位聪明的丈夫用幽默的方式委婉地拒绝了妻子的要求，让妻子的美梦破灭。类似的情况还有很多，夏雪的老公也是一位擅长用幽默来对付妻子购买欲的人。

夏雪跟老公结婚五六年了，她属于时尚的新新人类。一天，她想买一顶帽子，便对丈夫说："亲爱的，小刘的爱人买了顶新款帽子，真漂亮！"

丈夫回答："是吗？假如她像你这样漂亮，就不需要经常买帽子了。"

夏雪的丈夫没有直接拒绝妻子的要求，而是从另一个方面去满足了妻子的心理需求。这种巧妙的借鸡生蛋的方式，不仅避免了妻子一味地纠缠，而且还满足了妻子的虚荣心，让她同样感到快乐。

有些时候，对于妻子的购买欲，我们还可以用另外一种幽默的方式来处理。下面我们就来看看这位丈夫的故事：

妻子非常好胜，邻居小张家有什么她就一定要有什么。

一天，她问丈夫："你知道小张家最近又购买了什么？"

丈夫回答道："买了一套新家具。"

妻子满不在乎地说："我们也要添套新的！"

丈夫又说："他家还添了一台最新款的液晶平板彩电呢！"

妻子兴奋地说："小意思，咱们家也买一台！还添了别的吗？"

丈夫面露尴尬，说："小张家最近……我不想说了。"

妻子有些不高兴，问道："为什么？怕比不过他吗？"

丈夫难为情地说："他另外找了位非常漂亮的妻子。"

妻子这时候无言以对了。

妻子最后为何无言以对了呢？其实，这是丈夫有目的的引导，暗示妻子一连串的追求不切实际。相比直接反驳妻子的观点，这种步步深入的归谬法，能够逐步诱导其认识到自己观点的不正确，既缓和了气氛，又避免了尴尬。这就使妻子不平衡的心理得到有效疏导。不难看出，要对付妻子的购买欲，丈夫必须要有足够多的幽默才可以。

与孩子幽默对话，教育效果最有效

　　家庭教育的方式多种多样，但是总体来说，可以分为三种：疾言厉色式、心平气和式和风趣幽默式。疾言厉色式的教育可以威慑孩子，但容易激发孩子的叛逆心理，实际应用的效果很差。心平气和式的教育可以使孩子体会到自己和父母在人格上是平等的，但是这种方式由于语言太平淡，不疼不痒，所以无法产生持久的效果。

　　在家庭教育中，什么样的方式是最有效的呢？毫无疑问，最适合孩子的教育方式，就是最有效的教育方式。我们都知道，孩子天性喜欢玩耍，最易于接受那些令他们感到轻松、愉悦的教育方式。假如父母的教育能给他们带来快乐，那么他们就乐于接受。因此，作为家长，应该使用风趣幽默的教育方式，以小幽默的形式教育孩子，寓教于乐，为孩子营造一种轻松活泼的家庭氛围。

　　一家人在一起吃晚饭，儿子发牢骚说："咱们中国人用餐没有外国人文明。外国人用的是金属刀叉，我们中国人用的却是两根竹筷子，这明显不够分量。"

　　听完这话，父亲很生气，本想给他讲大道理，又怕他听不进去。思之再三，父亲说："这个问题很好解决，等一下！"一会儿，父亲拿来一把火钳，塞到儿子手里，不客气地说："以后吃饭你就用这个吧，它是金属的，分量也肯定够！"

案例中的父亲并没有直接批评儿子，而是故意曲解他的意思，通过幽默让他领悟到自己的错误。

在中国的传统家庭教育观念中，一般倾向于严厉式教育。一直以来，家长都信奉一点：棍棒底下出孝子。于是许多家长与孩子之间并不能建立良好的沟通，只会对孩子讲一些大道理，殊不知，这种方式最易激发孩子的逆反心理，造成亲子关系不和。

一个小男孩体重过轻，而且不肯好好吃饭。为此，父亲操碎了心，经常讲一些大道理，却没有什么效果。

后来，这位父亲意识到了自己的错误，于是问自己："我的儿子最想要的是什么？我怎样才能把吃饭和他想要的东西联系起来？"

一天，他发现自己的儿子哭着回家了。一问才知道，原来小男孩的车子被一个大男孩抢走了，而且那个大男孩经常抢他的东西。

从此以后，小男孩再不吃饭，父亲就对他说："你应该多吃点饭，这样才能越来越强壮，别人再欺负你，你就有力量反击。你只要每天都把碗里的饭吃光，总有一天，你一拳就能把欺负你的人的鼻子打扁。"

刚开始，小男孩的父亲讲一些大道理并没有任何效果，后来他转变策略，采用幽默激将法说服小男孩，果然奏效。其实，小男孩的世界很简单，只不过是想痛揍一顿欺负他的人，好一解长久以来所受的怨气。

哈利·欧佛瑞在《影响人类行为》这本书中写道："行为乃发自我们的基本愿望……在商场、家庭、学习或政治上，对那些自认为是'说客'的人，有句话可以算是最好的箴言：要首先激起别人的欲望。凡能这么做的人，世人必与他在一起，这种人永不寂寞。"

古话说得好："数子十过，不如奖子一长。"跟孩子讲道理，首先要充分肯定孩子的长处，以此为基础，再对孩子的过错予以指正，这样孩子才更容易接受。假如你一味地数落孩子，只会激发孩子的自卑心理和逆反心理。

要想让孩子听你的，你必须懂得孩子内心的秘密，这样才能让孩子敞开心扉和你说话。所以，父母应该掌握与孩子情感交流的秘方，多给予孩子一些思想的指导，增强彼此之间的信任感，用幽默的方式走进孩子的内心世界。

与孩子幽默对话时，父母还应该注意：不可幽默地讽刺孩子，不可幽默地吓唬孩子，不可幽默地命令孩子，不可幽默地说一些宠爱话，不可幽默地侮辱孩子，不可幽默地埋怨孩子，不可幽默地欺骗孩子。比如，一些家长喜欢对孩子说："听话，明天领你去天上摘星星。"这些话假如无法落实，久而久之，家长的威信就不复存在了。

长辈放下架子，更易与晚辈拉近距离

看过《红楼梦》的人都知道，贾政在自己的儿子贾宝玉面前总是端着，板着一张脸，吓得贾宝玉大气都不敢喘，见了他像老鼠见了猫似的。生活中，很多长辈都像贾政一样端着，不肯放下架子。

这些长辈之所以总是端着架子，每天不苟言笑，目的就是在晚辈面前保持威严的形象。不过，他们往往忽略了一点：这样做固然能使自己保持威严，却也让晚辈和自己产生了嫌隙。

有一个男孩就读于一所世界著名的大学，最终以优异的成绩毕业，被一家顶尖的公司录用。

知道这个消息后，父亲对他说："你这个笨蛋！在学校读了18年书，上学时成绩一直没进入前几名，更不用说考第一名了。虽然你这么笨，可是现在也活得好好的呀？没见你比谁差！"

长辈对晚辈的幽默，无论是以什么样的形式呈现，大多都透着对晚辈的疼爱和关心。案例中的父亲明明很高兴，对儿子的未来充满信心，却故意骂自己的儿子是笨蛋，在笑骂中表达了自己对儿子的满意之情。

　　1853年，法国戏剧家小仲马的话剧《茶花女》第一次登上剧场的舞台，并且受到了热烈的欢迎。为了让当时流亡在布鲁塞尔的父亲大仲马在第一时间获悉这个消息，小仲马打电话说："巨大、巨大的成功！就像我看到你的最好作品初次上演时所获得的成功一样……"

　　大仲马风趣地回答："我最好的作品就是你，我亲爱的孩子！"

　　大仲马是一个非常懂得用幽默为自己服务的人，直截了当地告诉儿子小仲马"我最好的作品就是你"，一下子就拉近了父子之间的距离，使父子感情变得更深。小仲马听父亲这么说，高兴之余，肯定会特别感激自己的父亲把他带到这个世界上来。

　　家庭和社会一样，也是人生的一个小舞台。在这个舞台上，你可以演悲剧，也可以演喜剧。不管怎么说，你都不应该板着脸，而应该放下架子，营造一种娱乐式的自由氛围，让每个家庭成员都喜欢你，愿意亲近你。

反对长辈的看法，幽默表达显成效

　　长辈和晚辈由于出生时代不同，在年龄大小和知识结构式上存在差异，因此，晚辈看长辈，不能觉得长辈迂腐可笑、思想僵化。如果晚辈不理解长辈的意思，不同意长辈的看法，可以运用幽默的方式来表达你的意见。

　　营造出良好的沟通氛围，幽默起着关键作用。在这个世界上，许多人都在拒绝痛苦、悲伤，却没有人拒绝幽默的笑声。要想赢得长辈的心，就要摆正和长辈交流的姿态，彼此站在对方的角度进行沟通。

　　有一位画家，为了让儿子继承他的事业，从小就让儿子学习画画。可是，儿子对画画并不感兴趣，只是迫于父亲的威严，才不得不学画。在他看来，这种日子简直是苦不堪言。

　　一天，父亲严厉地说："我让你画一幅牛吃草，你怎么交给我一张白纸？"

　　儿子回答说："我画的就是牛吃草呀！"

　　父亲不解地问："那你画的草呢？"

　　儿子回答说："草被牛吃完了，当然在牛的肚子里呀。"

父亲又问："那你画的牛呢？"

儿子回答说："牛吃完了草，就离开了。"

试想，假如儿子把对父亲的不满强忍在心里，久而久之，父子之间的关系就会越来越僵化。从另一个角度说，"兴趣是最好的老师"，没有兴趣，儿子也不可能把画画好。做自己不喜欢的事只能是白白浪费时间，影响自己的发展。

假如儿子激烈反抗，不仅会辜负父亲的一片苦心，还会令父亲恼火不已，导致父子不和。晚辈对长辈的意见不赞同时，采用适度的幽默来表达自己的观点，就会使交谈气氛变得轻松，有助于双方沟通和互相理解。

女儿太吵闹，父亲责骂说："咱们已经说好，你不安静就要挨打，难道你忘了吗？"

女儿回答说："我没忘，爸爸。不过，既然我没有遵守我的承诺，你也可以不遵守你的承诺。"

听了这话，父亲被逗得哈哈大笑。

年轻人的想法与父母的想法总是格格不入，很容易出现矛盾冲突，此时最恰当的办法就是避实就虚，以软代硬。案例中的女孩没有直接顶撞父亲，而是以幽默的方式来化解父亲的怒气，缓和了双方的紧张气氛。

长辈有偏失，能否与其开玩笑要根据长辈的性格而定，假如长辈的性格温和，并不介意玩笑话，那么你就可以借助幽默提出他的过失。比如，长辈并不反感晚辈和他开玩笑，甚至他本人就习惯和晚辈开玩笑，那你就可以随意一些，不必顾虑太多。相反，假如长辈本身很严厉不喜欢幽默，晚辈和他开玩笑会激怒他，那么你就不要跟他开玩笑，以免惹他生气。

即使你的长辈性格温和，和他开玩笑时也不能过了头，不能说一些"去死""你个没用的家伙""真没教养"之类的话，否则会惹长辈不高兴。幽默固然好，但是幽默过了头就成了无礼，任谁都无法接受晚辈的无礼。

除了要摆正与长辈沟通的姿态，还要有运用幽默调和家庭气氛、维护家庭和谐的责任心。幽默绝不仅仅是为了获得人们表面上的欢笑，也不仅仅是为了指出长辈的偏失，更是为了让家庭成员在乐趣中感受到更多爱意和温情。

说话幽默一些，婆媳关系相处更融洽

在家庭关系中，婆媳关系是很难处理的。这两个女人都是男人最亲密的人，可是她们潜意识里往往都有一种"争抢"的心理，所以，相处起来非常困难。在这种情况下，作为儿媳妇，如何才能和婆婆搞好关系呢？

任何人都喜欢听别人的夸奖，作为儿媳妇，如果平时嘴巴甜一些，说话幽默一些，在婆婆面前乖巧一些，就有助于你和婆婆搞好关系，得到婆婆的疼爱。

一天，儿媳妇对婆婆说："妈，您知道您儿子在背后叫您什么吗？"

婆婆好奇地问："叫我什么？"

儿媳妇回答说："他在背后叫您省长。"

婆婆不解其意，连忙问："为什么？"

儿媳妇笑着回答说："因为您不爱浪费，喜欢节省，省水、省电、省钱、省粮食。我们都夸您勤俭持家，背后也不叫您妈了，直接叫您省长。"

大多数儿媳妇对待婆婆都采取敬而远之的方式，惹不起躲得起。不过，两代人同住一个屋檐下，低头不见抬头见，躲是躲不过去的。俗话说"老小孩，小小孩"，婆婆年纪大了，需要你像哄孩子一样，在日常生活中多夸夸她，她心情好了，你的心情自然也跟着好了。

老人经常说："生在新中国，长在红旗下。"我们的父辈这一代人都有一种共同的时代品格，那就是勤俭节约、吃苦耐劳。借老公之口夸婆婆节省，叫婆婆"省长"，既表现了婆婆勤俭持家的美好品德，又表现了婆媳之间亲密无间的关系。

婆婆喜欢做善事，儿媳妇喜欢请小时工做家务。一次，儿媳妇又要请小时工，婆婆一听就急了，抱怨说："你们这些年轻人，真是败家，自己能做的事，请小时工干什么？咱不花那个冤枉钱。"

儿媳妇摸透了婆婆的心思，对她说："妈，我请的这些小时工，有的是下岗工人，有的是来城里的打工妹，有的是家里比较困难的人，有的是勤工俭学的学生，生活条件都不好。咱们现在生活条件好了，您又乐善好施，这样做也是为了积德行善呀。"

假如儿媳妇摸不透婆婆的心思，听到婆婆反对请小时工，直接对婆婆说："您都这么大岁数了，怎么那么抠啊？咱们家又不缺那两个小钱，不就是请个小时工吗，有什么大不了的？"尽管意思一样，换一种说法就非常难听，很可能惹得婆婆大怒："你怎么没大没小的，竟敢教训我？"如此一来，婆媳之间的矛盾就会不可避免地爆发。

其实，婆婆媳妇都有一种误区，觉得进了一家门了，自然是一家人，说话也就不用那么讲究了，随随便便地说话也没什么大不了的。其实，世间万物，人最复杂，一家人说话也要讲究方式。假如没有意识到这一点，就会引起很多不必要的矛盾。

要想和婆婆搞好关系，就要对婆婆多一些关怀，平时多打电话问候一下，可以和她讨论一下健身和保健品的话题，多提醒她注意休息、保暖，婆婆的心里肯定会热乎乎的。

如果和婆婆住在一起，平时应该多一些体贴。比如，可以对婆婆说："妈，今天我做饭吧，您放一天假休息一下。您可是咱们家的大功臣，可千万不能累坏了身体，否则咱们家的天就塌了。"

做母亲的都喜欢夸奖她的儿子，所以，你可以在婆婆面前多说老公的好话："小飞特别知道上进，也很有出息，现在已经是他们公司的部门经理了，我现在出门走路都带着风，这全是您的功劳呀！"当然，也可以在婆婆面前表现得恩爱一些，说一下老公的坏话："妈，您可得管教一下您儿子，也不知道让着我点，总欺负我。我现在终于找到靠山了，看你在我靠山面前还敢欺负我！"

爱父母，就要让他们笑口常开

在赡养父母的时候，大部分人都只想着让老人衣食无忧，却将老人在精神上的需求给忽略了。其实，老人更多的是渴望精神层面的满足，他们对物质方面的要求反而不高。他们需要的是欢乐，是跟家人在一起。一位李爷爷在七十大寿的宴会上，就用一番话表达了这个意思，而他的女儿，也用幽默的话语传达了自己对父亲的关爱，让父亲欣慰不已。

李爷爷今年70岁大寿，儿女们都从各地赶回来为父亲祝寿。当时，前来祝寿的还有很多亲朋好友，真是贺客盈门。在吃饭之前，大家纷纷提议"寿星"讲几句话。

李爷爷想了想，说道："当年轻力壮的时候，爸爸就像一个篮球，孩子们你争我夺，汲取成长所需的能量。当步入中年的时候，爸爸就像一个排球，已经没什么利用价值，孩子们就你推我搡。当年老体弱的时候，爸爸就像一个足球，孩子们都你一脚、我一腿，唯恐踢不出去。"

席间的来宾贺客们，听到李爷爷这番幽默风趣的比喻，都哈哈大笑，纷纷鼓掌称妙！

此时，李爷爷的女儿大声说："爸爸，您不是篮球，也不是排球，更不是什么足球，而是橄榄球。为了将您紧紧抱住不放，我们就算摔得腰酸背痛、全身是泥，也心甘情愿！"

女儿的话一说完，全场又是一阵笑声、掌声，而李爷爷也安慰地笑了。

李爷爷用一组形象的比喻，幽默地批评了儿女们对自己的忽视；而他的女儿也借同样的比喻，幽默地向父亲表明子女们永远不会忽视父亲，一直都深爱着父亲。这样的话语怎么可能不博得老人的欢心呢？

家庭生活是孕育和培植幽默的广阔沃土，而幽默也使家庭生活充满更多的笑声。在劝说老人方面，幽默同样具有事半功倍的效果。

有位钱奶奶，很迷信，口中每天都念："阿弥陀佛！"儿子听得非常不耐烦，可劝了多次都没有用。

一天，钱奶奶又在念佛，儿子故意叫了声："妈！"钱奶奶随口应答了一声。然后，儿子又叫了一声，钱奶奶又答应了一声。儿子就这样接二连三地一直叫"妈"，钱奶奶终于受不了了，来到儿子跟前，气愤地责问道："你翻来覆去地叫我，究竟有什么事？"

儿子满脸堆笑说："妈，我才叫了你十来声，你就这样不高兴了，那个佛每天都被您呼唤千万次，难道它就不会厌烦吗？"

通过一个小幽默，儿子不仅阻止了母亲无休止地念佛，而且还不会让老人不高兴。在日常生活中，我们就需要用这种方式去化解跟老人之间的矛盾，让他们有一个愉快舒适的晚年生活。

看过《红楼梦》的人，都对王熙凤印象深刻，她在贾府众多的媳妇中尤为出众，深受贾府中至高无上的贾母的器重，被委以重任。王熙凤之所以受到长辈喜爱，就是因为她巧舌如簧、言语诙谐，给贾母带来很多快乐。在讨长辈欢心方面，王熙凤确实是我们的榜样，假如我们能学几招她的本领，做一个善用幽默、妙语连珠的晚辈，定能让老人的生活充满欢乐。

第八章

尴尬时刻别着急，幽默就能巧妙化解

遭遇意外状况，言行失态，不得不拒绝他人……你肯定经历过这些猝不及防的情形，也有过事后才追悔莫及的心情，"当初要是冷静点就好了""不应该那么说"，面对这些尴尬的场面，其实最有效的解决方法就是幽默。本章就针对不同的情况同大家谈一谈幽默应对的方法。

气氛突然变冷，幽默一下来缓解

气氛是看不见摸不着的，却能在人际交往中实实在在地影响我们。生活中经常会发生这样的事情：有的人太专注于自身，说了或问了让人难以回应的话语；别人不小心触到了你的伤疤，让你窘迫万分；有人提了一个沉闷的话题，没有人响应……

活跃的气氛由于种种原因突然间变得低沉，大家都找不到合适的话题打破冷寂的局面。为了交流能继续进行下去，就需要我们对气氛进行调节。而幽默可以帮我们打破沉寂的局面，消除彼此的心理隔膜，使气氛活跃起来。

在庆祝登月成功的记者招待会上，有一位记者出人意料地问了奥尔德林这样一个特别的问题："阿姆斯特朗先下去了，成了登月的第一个人，你会不会觉得很遗憾？"

大家突然安静下来，气氛变得很尴尬，连阿姆斯特朗的表情都很不自然。而奥尔德林面色不改，轻松地笑道："你们要知道，当回到地球时，我可是第一个走出太空舱的人啊！"他环顾了一下四周，接着说："所以，我可是由别的星球过来，踏上地球的第一个人！"

　　我们都知道，第一个登上月球的人是阿姆斯特朗，实际上，第一次登月的有两个人，另一个人就是奥尔德林。只不过由于阿姆斯特朗踏出了登上月球的第一步，因此成了明星，变成了家喻户晓的人物。

　　案例中，记者的问题明显属于哪壶不开提哪壶，让气氛骤然变得十分尴尬。然而，奥尔德林机智地运用逆向思维组织语言，说自己是"由别的星球过来，踏上地球的第一个人"，可谓出人意料。他的一句话不但化解了尴尬，还引起了全场记者的连连称赞，并对他报以了雷鸣般的掌声。

　　有一位教授，他学问高深，为人风趣，但有一个毛病，那就是烟不离口，上课时也免不了要吞云吐雾一番。有一天，坐在第一排的一个女同学实在被烟味熏得受不了了，便咳嗽着打断了教授的教学，大声说道："教授，您可不可以不要抽烟啊？呛死了！"

　　原本欢声笑语的氛围一下被打破了，这时，只见教授略微地沉吟了一会，便把烟头灭了，抬头说："既然你不愿意接受我'熏陶'，那我也就不勉强了。"

　　心理学家凯瑟琳说："如果你能使一个人对你有好感，那么，也就可能使你周围的每一个人甚至是全世界的人，都对你产生好感。只要你不只是到处与人握手，而是以你的友善、机智、幽默去传播你的信息，那么时空距离就会消失。"

　　例子中的教授正是利用幽默的力量，将与学生之间的空间距离打破了，一个"熏陶"一语双关，引得学生会心一笑的同时，彼此之间的交流也就顺畅了，被"冷冻"的气氛自然也就重新恢复了平和欢快的状态。

缓解低沉的气氛，最重要的还是幽默的心态。老舍先生有篇文章《谈幽默》，其中写道："所谓幽默的心态就是一视同仁的好笑的心态……它表现着心怀宽大。一个会笑，而且能笑自己的人，绝不会为了件小事而急躁怀恨。"

所以，当别人说了一些话或做了某些事，破坏了原本的气氛，这时不要花过多时间去琢磨："为什么他要这么对我？""为什么他要这么做？"对方不一定是故意为之，有可能仅仅因为心里憋不住事，试图一吐为快，或者大大咧咧，意识不到自己的做法会干扰到其他人。

最有效也最方便的补救方法就是让别人放松，通过夸张、类比等语言技巧，或者借助自身的、他人的幽默故事，让大家在笑声中化解冰冻的气氛，迅速拉近彼此的距离，消除尴尬。

当然，如果有的人第二次使大家感到窘迫，你可以表现得相对严厉些，委婉劝诫或者当场制止他。需要注意的是，不管你采用什么办法，一定不要发火，不要让自己表现得失态，而需要用幽默的心态去面对，调动智慧的力量去解决，做一个在任何场合下都能掌控气氛的人。

出糗不尴尬，巧妙自嘲显机智

有时候因为一两句话，或是某个行动，不知不觉就会让我们陷入某种尴尬境地。特别是涉及自身缺陷等问题的时候，常常会让人倍感窘迫。

谁都不喜欢出糗，尤其是在众人面前。当陷入窘境时，有的人惊慌失措，六神无主；有的人愤怒沮丧，想要逃避；还有的人怒不可遏地反击。其实，逃避不是良方，反唇相讥也只会引来更多的嘲笑，乱上添乱。

遇到这种情况，别人很难为你解围，这个时候，大方地承认自己的不足，幽默豁达地自嘲一把，反而能在博大家一笑的同时化解所谓的难堪，还能展示出个人的坦诚、睿智，赢得大家的好感。

当代著名指挥家卡尔·贝姆在东京的演奏会后被请去吃消夜。

席上没摆刀叉，他只好拿起一双筷子。可是因为不会使用，夹来夹去，他还是夹不起一盘中的食物。席上众人的注意力都被吸引了过来，一时间，卡尔·贝姆感到非常尴尬。

最后，他盯着手中的筷子自嘲地说："一根棒儿可以使我赚许多钱，但是这两根棒儿，恐怕会把我饿死。"

指挥家面对尴尬和窘迫时，用机智、幽默巧妙地为自己解嘲。在外国举行演奏会，又是被宴请，他的一举一动都是在场的人关注的焦点。这个时候，稍有不慎就会自毁形象。卡尔·贝姆神色不改地通过自嘲为自己解了围，反而显得豁达而又自信。

社交中突如其来的状况很多，许多难以预料的事情都会发生。由于自身的原因导致陷入窘迫的处境还好说，有时候我们会因为别人的言行而被动地出糗，斥责他人无疑会破坏自我形象，让他人下不来台，使气氛变得更尴尬，这个时候就更需要幽默来帮忙。

老张带过的学生搞了一个聚会，聚会上大家觥筹交错，学生们纷纷给老张敬酒，感谢他的栽培。这时，有个学生在敬酒时一不小心把啤酒倒在了老张的头上，他惊呼一声，愣在那里。

眼看着大家的视线都落在了自己身上，老张摸了摸他那谢了顶的头，对他的学生说道："别费心了，我这里是荒地，浇什么也没用了！"

学生们听后，不禁捧腹大笑起来。

面对突如其来的尴尬场景，老张没有闪躲，更没有表现出恼怒的情绪，而是十分幽默地把被倒酒的事情和自己的谢顶联系到一起，引得大家哄堂大笑。这样，不仅将自己从窘迫的境况中解救了出来，还给了倒酒的学生一个台阶下，从而更显得自己宽容大度，幽默风趣，可谓一举两得！

人生在世，出糗在所难免，关键是懂得用自嘲突出重围。要想运用好自嘲，就要掌握以下几个要点：

1. 要有足够的自信

在出糗的情况下，人难免会神经紧张，这时很难幽默起来，所以你必须要有充足的自信，这是自嘲的前提条件。自信的人能很容易地以轻松的心情来面对自己的糗态，坦然承认自己的不足，甚至可以用这种不足来开玩笑。

2. 必须足够了解自己

只有自知，才能认识到自身所具有的缺陷，而只有认清了自己的不足，才能在遭遇尴尬时巧妙借助自己的缺点来自嘲。

3. 要能放下一些自尊

一个人如果把面子看得太重，势必不愿让他人看到自己丝毫的不足，但百般维护自己未必就会给人留下完美的印象，相反，拿自己的不足开玩笑反而给人富有幽默感的感觉，窘境之中敢于自嘲，就是一种化消极现实为积极情绪的幽默。

4. 运用自嘲要适可而止

自嘲确实能帮我们化解窘况，但运用它时要格外慎重。通常情况下，最好"点到为止"，让人意会即可，不要自鸣得意、喋喋不休，否则就会适得其反。

冷静面对困难，幽默应对挫折

　　18世纪的哲学家康德说过，"幽默是人们用来解决生活困难的三部曲之一"。人生不可能总是一帆风顺的，总有遇到困难的时候，过于气馁只会进一步放大困难。当我们身处困境时，不妨用幽默调侃的心态来消除忧愁，缓解压力，这样不仅有利于自身心理健康，还有可能在轻松活跃的气氛中解决掉原本棘手的问题。

　　幽默代表的不仅是一种生活态度，更是一个人成熟、睿智的体现。身处泥潭还能微笑面对的人，一定是有着强大内心的人，这时展露的微笑代表的是对困难的调侃和对生活的热爱。

　　对于暂时不能解决的困难，幽默是一剂良药，能给予即将沉沦的心灵再次焕发生机的能量；对于能解决但是需要想办法应对的困难，其本身就代表一种成长的机会，幽默应对，能帮你朝着人生更好的阶段迈进。

　　天才喜剧大师卓别林也遭遇过歹徒打劫，当时由于被歹徒用枪指着脑袋，卓别林无法抵抗，但又不甘心就这么被抢，于是他先顺从地乖乖奉上钱包，然后可怜兮兮地对歹徒说："兄弟，我和你商量一下，这些钱不是我的，是我老板的，如果你把这些钱拿走了，我老板一定会认为是我私吞了公款。拜托你在我帽子上打两枪，证明我被人打劫了。"

歹徒心想，有了这笔巨款，打两枪算什么，于是对着卓别林的帽子射了两枪。卓别林却再次恳求道："兄弟，可否在我的衣服和裤子上再各补两枪，让我的老板更深信不疑。"

四肢发达、头脑简单的歹徒被钱冲昏了头脑，他不假思索，按照卓别林的要求统统照做，6发子弹就被他射光了。这时，只见卓别林一拳挥过去，歹徒被打昏了过去，卓别林赶紧取回钱包，喜笑颜开地离开了。

卓别林在遇到困难时仍能保持稳定的情绪，机智灵活地给予回应，从而能够化险为夷，用幽默化解困境。幽默的人往往具备创新精神，一个人要想激发出幽默，必然要摆脱理性思维和固有意识的束缚，这样才能打破常规，摆脱困境。

莫言获得诺贝尔文学奖之后，瑞典媒体一度质疑结果"不公平"，因为评委、汉学家马悦然与莫言有私交。莫言直接为马悦然"鸣冤"。他说："我和马悦然之前总共见过三次面。第一次在香港，我给了他一支烟；第二次在台湾，他给了我一支烟；第三次在北京，我又给了他一支烟。我和他，三支烟的关系，他多抽了我一支烟。不过，马悦然对中国古典文学的知识令我佩服。"

瑞典媒体仍不满意莫言的解释，追问道："如果是这样，那你为何称马悦然为'亲爱的'呢？"莫言巧妙地回复说："我第一次到欧洲，与一个意大利女孩有一面之缘。结果，她给我写信，抬头就是'亲爱的莫言'。当时看得我心潮澎湃，以为她对我有意思。我的朋友告诉我，这只不过是外国人出于礼貌的习惯而已，不要做太多联想。"

这是2012年莫言获得诺贝尔文学奖后，在瑞典首都斯德哥尔摩首次公开亮相时的谈话。面对各路媒体将近一个小时的"刁难"，莫言用幽默风趣的话语将记者们抛给他的难题——化解，并多次逗笑了"难对付"的媒体记者。

社会交往中，幽默会让你更快地走出困境。生活中如果多一点趣味和轻松，多一点笑容，多一份乐观与幽默，那么就没有什么困难是克服不了的，也就不会出现整天愁眉苦脸、忧心忡忡的状态。

幽默的心态可以帮你减轻自身的压力，同时能拉近你与他人的距离。所以，当你遭受挫折时，不妨来点阿Q的"精神胜利法"，平衡心态，制造快乐。比如"吃亏是福""破财免灾"，冷静面对困难，幽默应对挫折。

幽默替对方解围，让你收获好人缘

有句话说得好："智者善于替人解围，愚者逸事避而远之。"意思是说聪明的人在他人需要的时候会伸出援手，不失时机地为人扶危解困，从而赢得更多的友谊；而愚蠢的人却往往会对与自己无关的事避而远之，认为闲事不如不管，落个清闲自在，结果却把自己陷入孤立之中。

懂得用幽默帮他人解围的方法，无疑能帮你收获更多好人缘。有时候几句得体的幽默妙语，就能为他人解围，也能给自己铺下一条宽阔顺畅的大道。而且，幽默中闪现的是一个人的聪明才智，既能帮人解困，又能使自己的形象得到提升，可谓一举两得。

为了给某电影宣传，范冰冰和韩寒曾一同出席某大型记者会。现场有记者见缝插针地向范冰冰提问："一线女演员中，目前只有周迅和你还在坚持拍文艺片，所以有的媒体称'南有周迅，北有范冰冰'，也就是'南周北范'，你对此有什么感想？"

由于问得突然，一向懂得应对媒体的范冰冰也没了主意，这时，只听韩寒出"口"相助道："我觉得这句话的意思就是，《南方周末》应该成为北方报业的典范。"

此语一出，现场顿时哄堂大笑，范冰冰的尴尬也随着这笑声而荡然无存了。如果按照常规回答，不仅"吃力"，还很可能"不讨好"，而韩寒聪明地避开了问题，用别出心裁的解释化解了问题的锋芒，其中的幽默和智慧不仅惹得大家捧腹大笑，还帮助范冰冰走出了尴尬的境遇。

张老师和王老师在同一所高中教学，两个人早些年因为一些矛盾，相互之间一直不说话，这已经成了学校公开的秘密。有一次，学校组织召开家长会，张老师和王老师作为优秀老师代表，都在主席台上就座。轮到王老师讲话时，他发现自己将演讲稿落在了台下，便下台去取，返身回来时，由于没看清台阶，王老师一不留神栽倒在了台阶上。

"哈哈哈！"台下爆发出震耳欲聋的笑声。王老师的脸涨得通红。

这时，主席台上的张老师连忙接过话筒，指着台阶说："同学们，家长们，你们看，王老师是想用实际行动告诉我们，学习不易，上一个台阶是多么困难啊！"

说话的时候，王老师已经站起来继续往上走了，张老师接着说："一次不成功没什么，王老师是想告诉我们这样一个道理：学习之路多坎坷，只要坚持、不气馁，就一定能够登上成功的顶峰！"

张老师的话赢得了台下学生和家长的热烈掌声，王老师落座后，对张老师回报了一个感激的微笑，两人多年来的矛盾也被化解了。当然，张老师恰当的几句幽默解释，也给在场的人留下了深刻的印象，让人对他的机敏反应赞叹不已。

所谓"帮人就是帮己"，我们身边的朋友有时候不善言辞，举止不当，陷入了难堪的境地，这时候你如果能发挥幽默的天赋，说上几句妙语，就能巧妙分散大家的注意力，将朋友从尴尬的境遇中拯救出来，你们的友谊自然也就更加坚固了。

幽默不是单纯地耍嘴皮子，不是油腔滑调，而是要在瞬息之间抓住灵光一闪的思路，随机应变。生活中的事情很多都有两面性，对与错、利与弊都是相对的，我们在帮助他人解围时，要辩证地看待问题，这样才能从独到的角度制造幽默，令人化怨为喜。

生活中一味地关注自己当然不能为别人解困，留意身边的人就能发现，热心肠的人要比自私冷漠的人拥有更多朋友，生活得也更快乐。所以，不要把个人得失看得太重，该出手时就出手，用幽默妙语解他人之困，会对我们增进与他人的人际关系大有裨益。

对于第三者怀有恶意的攻击而造成的尴尬场面，不需要硬碰硬地反击，怀着充分的善意，从幽默的角度出发帮助他人解围，定能赢得更多人的信任。

幽默拒绝，对方更乐意接受

　　大多数人都会遇到这样的情况，别人对你提出了某种请求，你难以提供帮助，但碍于面子或利益关系，又不便直接拒绝。确实，生活中难免有"盛情难却"的时候，勉强答应别人只会苦了自己，那么如何说"不"才能既达到自己的目的，又不会引起尴尬呢？这时幽默就可以发挥它的作用了。

　　用轻松诙谐的话语拒绝对方，制造一个婉转、含蓄、幽默的语境，能让别人更容易接受你的拒绝。因为，风趣幽默的语言给了别人一个台阶下，那对方就不至于产生抗拒心理，有时还会使别人高高兴兴地接受你的拒绝。

　　幽默地拒绝别人也是一门艺术，只要把握好时机，并运用一定的幽默技巧，就能达到让别人知难而退的目的。

　　周末，几个铁杆哥们非要拉着小李去打麻将，可小李并不想把时间浪费在牌桌上，但是又碍于哥们的面子，于是笑着说："家务缠身啊，最近上头下了'红头文件'，从这个周末开始，实行家务'承包责任制'，并且分工明确，责任到人：老婆负责洗衣做饭，我主管刷碗拖地、辅导孩子功课、陪她逛街购物。周末你们是歌声笑声麻将声，而我只能在厨房里唱'洗刷刷、洗刷刷'了……"

大伙笑着说："那还是别拉你下水了，在家做个'三好男人'吧，干家务活时悠着点啊！"

小李的拒绝可谓机智幽默、别具一格，他先表明自己不去打麻将是因为家务缠身，然后使用"红头文件""承包责任制""洗刷刷"等让人忍俊不禁的词语，在自我嘲讽中道明了不能同去的理由，惹得大家哈哈大笑的同时还不忘关心他，嘱咐他"悠着点"。

如果小李一味地说"我不想去，你们去吧"，或是找个普通的借口，能不能拒绝成功且不说，势必会扫了哥们的兴，惹得大家不高兴。而摆出"妻命难违"的姿态，就在巧妙应变中拒绝了朋友的盛情。

罗斯福在就任总统之前，曾在海军担任要职。有一次，他的一位好朋友向他打听海军在加勒比海一个小岛上建立潜艇基地的计划。

这个问题显然不好回答，这属于非常机密的问题，是不能外泄的，但是直接拒绝朋友的话，又会让对方觉得尴尬。于是罗斯福神秘地向四周看了看，压低声音问道："你能保密吗？""当然能！"朋友十分肯定地答道。罗斯福微笑着说："那么，我也能。"

罗斯福风趣幽默的语言，帮助他既不伤害朋友的感情，又坚守住了自己的原则，可见幽默是个很好的拒绝他人的方式。

在与他人的交际中，我们也不免遇到这样的情况，那就是别人会问一些我们不愿意回答的问题，避而不答会显得我们非常不礼貌，而像罗斯福这样，用幽默的方式来回避，就会简单、方便得多。

1. 先倾听对方

认真倾听对方的要求是给出拒绝回应的前提，认真倾听别人的诉求，可以让对方感到被尊重，促使双方形成一个友好的交流氛围。如果别人说话的时候，你表现得漫不经心、东张西望，那么不管后面你用多么幽默的语言来表示拒绝，对方也只会觉得你是在敷衍他。

2. 通过调侃来分散对方的注意力

既然无法满足对方提出的不合理的要求，不妨通过幽默的语言或故事来传达你的"弦外之音"，暂时中断对方的"盛情"，对方意识到你的难处后，自然就不会"苦苦相逼"。

3. 自嘲式拒绝

直接拒绝别人会让对方觉得没面子，觉得非常扫兴，这时不妨找自己身上一个与对方要求相关的缺陷或借口，幽默风趣地自我嘲讽一番。例如你的朋友邀请你一起打扑克，如果你不想参加，就可以用"我的牌技实在是太烂了，实在是上不了台面"这样的理由加以回绝。

4. 归谬式拒绝

对于那些过分的要求，如果不方便直接拒绝，也可以反其道而行之，先全盘接受，然后再以此为基础，推出一些更加荒谬、不现实的结论来。对方听了，自然也就能认识到自己要求的不合理之处。

第九章

把握玩笑的尺度，不要幽默过了头

幽默也要把握好尺度。比如过火的恶作剧，影响双方的关系；幽默不看场合，容易激起对方发怒；不要将幽默与粗俗的"段子"画等号；三思后言，幽默要谨防别人的忌讳；因人而异，幽默说话也要分对象……这些你都知道吗？如果你对这些还没有一个清晰的概念，就要认真学习本章的内容。相信它一定能教会你怎样把握好尺度，恰如其分地幽默。

过火的恶作剧，影响双方的关系

　　许多智者都有"为人处世和说话办事要讲分寸"的劝勉，可是"分寸"究竟是什么，许多人却未必能说得清。其实，分寸是一种不偏不倚、能进能退的中庸哲学。相比"中庸"这个抽象的词语，"分寸"这个词语更加形象化，更易于让人明确地把握。

　　开玩笑时，有些事只能点到为止，有些事提都不能提，否则就会触犯他人的禁忌，伤了他人的面子。

　　赵先生是一名机关干部，到外地出差时，他拎着一兜水果去看望一个多年没见、刚升为副处长的老同学。老同学喜欢开玩笑，见到赵先生后，很热情地把他让进屋，一边倒茶，一边指着他手中的一兜水果戏谑道："你现在怎么落魄到这个地步？都开始走后门了！本处长可是一个清正廉明的人，坚决抵制这种歪风邪气。"

　　赵先生听了很不是滋味，自尊心受到了严重的伤害，从此再也没有和这个副处长同学来往过。

　　幽默是一把双刃剑，使用得好，可以增进人际关系；使用得不好，就会伤害到别人。幽默不等同于嘲笑、讥讽，也不是轻佻地贫嘴耍滑，讽刺、嘲笑只会伤害别人的自尊和情感，阻塞沟通。

案例中的赵先生本来是好心好意看望老同学，身为副处长的老同学却戏谑说："你现在怎么落魄到这个地步？都开始走后门了！"赵先生的职位比这个老同学低，原本就有些自卑，没想到老同学偏偏"哪壶不开提哪壶"，用带有讽刺性的幽默和他开玩笑，最后严重伤害了他的自尊和情感。

庞先生平时就喜欢和别人开玩笑，经常搞一些恶作剧。一次，他和刚结识的一个女孩去旅游，趁女孩不注意时，他把一个安全套悄悄地放进她的包里，然后又装作若无其事地往前走。片刻后，女孩要从包里拿出手机，却意外地发现一个安全套，气得大哭起来，扭头离开了风景区。

恶作剧是生活的调味品，善意的恶作剧具有很浓的情趣，自然可以给平淡的生活带来清新的空气，让人开怀一笑。不过，过火的恶作剧却很容易伤害人，使被戏弄的对象十分不快，影响人际关系。

庞先生和一起旅游的女孩刚结识没几天，两个人还不太熟，哪怕很小的一个恶作剧都可能使二人的友谊破灭，更何况是这么大的恶作剧？许多交际失败都是这种不顾后果的恶作剧造成的，它不仅使自己陷入尴尬和困境，还会导致你在他人心目中的地位一落千丈，被人鄙视。

一般情况下，晚辈不宜同长辈开玩笑，下级不宜同上级开玩笑，男性不宜同女性开玩笑。就算是在同辈之间开玩笑，也要注意对方的情绪好坏和性格特征。假如对方宽宏大量，幽默的尺度过大也无妨；假如对方小心眼，喜欢琢磨言外之意，幽默就得慎之又慎。

幽默不能过了头，不能挖苦和嘲笑对方，也不能用模仿对方的动作和说话的语气来取笑对方，尤其不能拿别人的种族、宗教信仰和身体残疾等来开玩笑，因为这会严重伤害别人的自尊和人格，导致彼此之间的关系恶化。如果借幽默之名达到对别人冷嘲热讽、发泄内心不满情绪的目的，那么这种幽默就不能被称为幽默了。

很多人都有自己尊崇的对象，在他们眼中，那些是崇高、神圣的事物。所以，千万不要拿他们崇拜的对象开玩笑。

不能拿不如自己的人调侃。客观地说，如果站在你的角度上，肯定有很多人不如你，可是如果总是津津乐道地笑话那些不如你的人，就很容易激怒他们。聪明的人应该在"大人物"身上找乐子，避开调侃不如自己的人。

幽默不看场合，容易激起对方发怒

　　幽默被誉为现代人为人处世的重要法宝，也是衡量一个人口才好坏的标准，甚至成为一个人是否有智慧的标准。因此，许多人都在想尽办法让自己成为一个幽默的人。虽然我们的生活中不能缺少幽默，但是很多人都忽略了一个事实：幽默并不是无所不在、无所不能的，不分场合的幽默只会激起他人的愤怒。

　　中国民间有一句俗话，叫"到什么山头唱什么歌"，幽默也是这样的，在什么场合就要说什么话。在生活中，熟人、朋友之间互相幽默一下，彼此开个玩笑，怎么说都没关系，可是一些特定的场合就不能开玩笑了，比如在严肃的会议上，在庄重的活动中等正规场合。

　　王先生去出席一位朋友的葬礼时，想在死者的儿子面前表现得幽默一些，于是风趣地说："你的父亲生前就是一位非常坚强的人，因为他是一位著名的石匠。"

　　听了这话，死者的儿子不但没笑，反而瞪了他一眼。死者的儿子气得想揍他，只是当着这么多人的面，又是父亲的葬礼，他才一直忍着没有发作。

把坚强和石匠联系到一起制造出幽默，本是一件无可厚非的事情，可是案例中的王先生使用的场合不对。在朋友的葬礼上，大家都很伤心，他却嬉皮笑脸地说笑，并且是对死者的家属说笑，怎么能不令人愤怒？

其实，很多场合都是不适合开玩笑的。比如，在葬礼上，或者在发生重大事件的严肃场合，你展现自己的幽默反而会让人觉得你没有常识。总而言之，在庄重的社交活动中，任何戏谑的话语都可能招来非议。此时，并非幽默本身不对，而是使用幽默的场合不对。

陈毅外长主持召开过一次有关国际形势的记者招待会，在记者招待会上，他对美制U-2型高空侦察机侵扰我国领空的事件表示极大的愤慨。此时，有一个外国记者趁机问道："外长先生，请问中国是用什么武器把美制U-2型高空侦察机打落的呢？是导弹吗？"只见陈毅外长用手做了个用力向上捅的动作，风趣地说："我们是用竹竿子捅下来的。"参加会议的人一阵哄笑，那名记者也知趣地不再追问了。

陈毅外长说"用竹竿子捅下来的"很明显是一件不可能发生的事情，但是不这样回答该怎么回答呢？似乎没有更好的回答方式。如果据实相告，就不可避免地要泄漏国家的机密；如果冷冰冰地说一句"无可奉告"，就会导致会议气氛过于凝滞。陈毅外长用一句"用竹竿子捅下来的"，既维护了国家机密，又避免了自己陷入尴尬被动的局面。

在一些严肃的场合，尤其是在外交会议上，往往说者一本正经，听者不苟言笑，常常给人一种强烈的压迫感。此时，一个恰如其分的玩笑可以很好地缓解这种略显沉闷的气氛，营造一种幽默轻松的谈话氛围。

无论在什么时候，幽默的言语都是一种情绪调节剂，能够给大家带来轻松的感觉。可是，幽默要讲究场合，在本该严肃的场合，假如你毫无顾忌地说笑，既会引起大家的反感，也会让大家觉得你不够稳重。

幽默如果不分场合，结果只会适得其反。比如，全体员工开会时，老板正在台上发表讲话，你却不分场合地突然冒出一两句俏皮话，逗得大家一阵哄笑，老板很可能会把你认定为一个纪律性差、缺乏教养的人，从此对你没什么好印象。

要想恰如其分地使用幽默，首先要选择一个合适的场合。当你发现你的幽默可以给大家带来快乐，或者为大家营造一种愉快的谈话氛围时，就可以展现出你的幽默。相反，当你发现周围的气氛不对，你所在的场合并不是一个适合幽默的场合时，就要及时收住。

不要将幽默与粗俗的段子画等号

在生活中，也许有些人觉得幽默非常简单，无非就是讲点段子，开开玩笑而已，于是就把一些格调低下、低级趣味的段子当成幽默，讲一些荤笑话，还自认为大家都会被自己的言语所吸引，自诩为一个幽默的人。

其实，讲一些粗俗或不雅的内容，虽然也能博人一笑，但是笑过后却会让人感到乏味无聊，甚至让人感到厌恶。高雅健康的幽默可以让人感到生活中充满了阳光，低级趣味的段子只会破坏和谐的氛围，使大家不欢而散。

我们评价一个人的素质和品位时，往往看这个人在生活当中的言行举止，透过一些小细节给这个人下总结。低级趣味的幽默往往反映了一个人低下的素质和品位，令人感到恶心。高雅的幽默是智慧的闪现，低级趣味实际上是对幽默的亵渎。

苏联领导人赫鲁晓夫天生就是一个秃子，锃亮的脑袋格外扎眼。

一次，一个中年人用手摸了摸赫鲁晓夫锃亮的脑袋，取笑他说："你的头顶摸上去真光滑，就像女人的臀部一样。"

赫鲁晓夫立即否认说："不，我可不这么认为。在我看来，这是我母亲伟大的杰作之一。因为她看到当今世界的黑暗面太多了，所以特意让我变成了一个秃子，好给大家送来一点光明。"

中年人把赫鲁晓夫的秃顶比作女人的臀部，赫鲁晓夫本人却把自己的秃顶比作带来光明的灯。哪一种幽默更胜一筹，相信大家一看便知。把秃顶比作女人的臀部，这样的幽默是粗鄙的、低俗的，会令听者觉得不舒服。而赫鲁晓夫把秃顶比作带来光明的灯，这种幽默是高雅的，是纯洁的，展现了他高尚的人格魅力。

高雅的幽默能反映出一个人高层次的语言艺术和思维智慧，既可以有效地拉近你跟对方的心理距离，又能更好地展现你的人格魅力。相反，低级趣味的幽默不仅会令对方感到厌恶，还会使你的形象一落千丈。

在电影院里，一名男子含情脉脉地对女朋友说："在我的心中，你像梅花一样纯洁，像山川一般坚毅，而且很有内涵，长得也很酷。总而言之，你就是梅川内酷（没穿内裤）！"

听了男朋友的话，女子气得牙痒痒，什么话都没说，转身离开了电影院，留下男朋友一个人在那里懊悔不已。

恋爱中的女孩都喜欢男朋友用幽默的语言来赞美自己，但是案例中的男子说出的话粗鄙下流、不堪入耳，在女朋友听来是一种羞辱，自然会很生气。在爱情里，一个高雅的幽默可以为你在意中人的眼中加分不少，而一个粗鄙的幽默却会让你的形象一落千丈。

　　高雅的幽默就像一道色、香、味俱全的美味佳肴，令人垂涎三尺。粗鄙的幽默就像一个没穿衣服的人走在大街上，给人一种不堪入目的感觉。把污言秽语等同于幽默，结果只会破坏对方美好的心情，让自己不招人待见。

　　我们一定要牢牢地记住，幽默与粗鄙的段子有着本质的不同。从本质上讲，幽默是智慧的闪现，是风趣的象征，而粗鄙的段子只是为了寻找一下刺激，纯粹是为了娱乐。二者有雅俗之别、优劣之分，粗鄙的幽默不堪入耳，只有高雅的幽默才更容易被人接受。

　　真正的幽默需要深刻的思想，也需要高尚的人格，说出的话应该是健康的、高雅的，所以，我们要具有高尚纯洁的人格魅力。这种境界也许我们一时难以达到，不过至少应该保持一定的精神品位，多谈一些高尚的东西，多一些精神上的交流，而不谈论那些粗鄙、下流的东西。

三思后言，幽默要谨防别人的忌讳

　　幽默是生活的调味品，没有笑声的生活和没有幽默感的人都是无味的。在人际交往中，开个小玩笑，适当活跃一下气氛，可以营造一种适于交谈的氛围。不过，幽默也有禁忌，既然幽默是调味品，就不能该放辣椒时放了盐，该放盐时放了醋。

　　施展幽默时，要认真推敲，避开别人的避讳。就算你是一个很擅长幽默的高手，在幽默时也要注意自己的言行，避免一不小心触犯了他人的禁忌，使对方陷入尴尬，产生被捉弄的感觉。

　　一位新局长上任后，宴请退居二线的老局长。

　　酒过三巡，服务员端上来一盘炸田鸡。看到炸田鸡后，老局长用筷子点点说："老弟，青蛙吃害虫，对人类是有益的，不能吃！"

　　新局长想也没想，就脱口而出："没事的，都是一些老田鸡，已经'退居二线'了，不当回事了。"

　　听了这话，老局长脸色大变。新局长本来想幽默一下，没想到竟然触及老局长的忌讳，一时又不知道该如何解释。

　　老局长退居二线，自然对新局长口中的"退居二线"很敏感，听了新局长的话后，肯定会认为这是新局长在故意奚落自己，怎么能不生气呢？如果新局长这话是跟一个年轻人说，大家肯定一笑了之，可是他说话的对象偏偏是一位退休的老同志。

施展幽默一定要三思而后言，心里面一定要有底，不然大口一开，水泻千里，想拦也拦不住。说话前，先要搞清楚什么该说，什么不该说，严防触犯对方的忌讳，否则覆水难收，后悔莫及。

有一家公司的老总已经年过五十，却娶了一位年轻漂亮的太太，而且结婚刚两个月就生了孩子。亲朋好友都赶来喝孩子的满月酒，其中有一个人心直口快，而且喜欢跟别人开玩笑。

这位朋友奉上贺礼，对老总说："您的孩子太性急了，本该9个月后才出生，可您才结婚两个月，他就已经等不及了。"话音刚落，亲朋好友哄然大笑，老总又羞又恼。

中国有句古话叫"祸从口出"，玩笑不能随便开，尤其不能触及别人的忌讳，否则你们之间的友情很可能会陷入危机，甚至在今后的生活中彼此会成为死对头。懂得尊重他人的隐私，给他人留一片自由呼吸的空间，才是一个真正聪明的人。

人人都有自己的忌讳，都有一些压在心里不愿为人知的事情。在与别人的闲聊调侃中，即使感情非常好，也不能去揭别人的短，当着众人的面拿别人的忌讳当作笑料。调侃时口不择言，对方很可能会认为你是在故意跟他过不去，就算你是"言者无意"，也难免"听者有心"。

所谓"说者无心，听者有意"，在聊天中，开玩笑的人往往动机是友好的，可是如果不把握好分寸和尺度，玩笑开过了头，就会产生不良后果。不要以为彼此的关系不错，就可以随意取笑对方。拿别人的忌讳做笑料，你的玩笑话很容易被对方当作冷嘲热讽，从而激怒对方，以致毁了两个人之间的友情。

俗话说"金无足赤，人无完人"，俗话又说"不要当着和尚骂秃子，癞子面前不谈灯光"，他人的忌讳应当避而不谈，给予同情和理解。与人幽默时，应该慎之又慎，避免讲一些使人联想到自身缺陷的笑话。

比如，女性朋友对自己的年龄讳莫如深，你拿她的年龄开玩笑就犯了忌讳；身材偏胖的人对"肥""胖""臃肿"等字眼讳莫如深，你拿这些词和他开玩笑，其实是在自讨没趣。与人开玩笑时，应当记住适当的原则如果你觉得自己的玩笑可能会触犯别人的忌讳，不如保持沉默。

因人而异，幽默说话也要分对象

俗话说得好："一种米养百样人。"无论是性格、心理，还是文化背景、个人经历，人与人之间都有很大的差别，没有哪种幽默方式可以被用到所有人身上。如果你不了解对方，那么你苦心经营的幽默很可能得不到想要的效果，甚至还会引起对方的误解。

台湾的一位著名人士说："一个人不会说话，那是因为他不知道对方需要听什么样的话；假如你能像一个侦察兵一样看透对方的心理，你就知道说话的力量有多么巨大了！"一个真正懂幽默的人，一般可以根据对方的角色准确捕捉到对方的兴趣所在，然后根据对方的兴趣选择说什么样的话。

我们身边的每一个人，因为身份地位不同，性格各异，心情有好有坏，所以对幽默的承受能力也有差异。同样一个玩笑，有的人会因此而喜笑颜开，而有的人却会暴跳如雷。

女同事穿了一条漂亮的新裙子来上班，一位男士想称赞她两句，于是开玩笑说："哟！今天穿这么漂亮呀！是不是准备出嫁呀？"殊不知，这位女同事一向很敏感，听到这话，她立即大发雷霆，气愤地说："你这个人会不会说话呀？什么叫准备出嫁呀？难道我离婚了？还是我丈夫已经不在人世了？"一连串的谩骂令这位男士很尴尬，怎么解释都无济于事，最后一再道歉才算了事。

这个案例告诉我们一个道理，遇到小心眼的人，不要跟他开玩笑，因为他根本不懂幽默。跟小心眼的人开玩笑，你只会自找苦吃。如果遇到的不是合适的对象，我们的幽默才华将没有用武之地，甚至会导致我们惹祸上身。要想充分展现幽默才华，首先要找到一个合适的人。

一位新加坡的老太太到中国的武夷山游览，一不小心被蒺藜划破了衣服，顿时没了游览的兴致，中途想下山。此时，导游走到老太太身边，微笑着说："老太太，这是武夷山对您有情呀。它想拽住您的衣服，让您多看它两眼，不让您着急回家！"导游短短的几句话，就像一阵和煦的春风，一瞬间把老太太心中的不满情绪吹得烟消云散。

许多老年人都墨守成规，害怕接受太新颖的东西，所以他们的思考模式都比较僵化。毕竟是上了年纪的人，反应没那么灵敏了，担心不熟悉的东西让他们反应不过来，让他们失了面子。老年人最害怕老，也最害怕被人认为老了，不中用了，所以和老年人开玩笑能让他们找到年轻的感觉。

不过，和老年人开玩笑要有分寸，因为他们接受不了太前卫的玩笑。如果你跟他们开的玩笑太过分，反而会激怒他们。

说话看对象，要看对方的身份和职务。如果对方是领导、长辈、老师，运用幽默时就不能太随便，因为太随便显得不够尊重。如果对方是同事、朋友、同学，运用幽默时就不能太严肃，因为太严肃显得不够亲切。

说话看对象，要看对方的性格特点。性格外向的人喜欢和人交谈，性格内向的人大多沉默寡言，不善于主动与人交谈。所以，和性格开朗的人交谈，你可以侃侃而谈，不需要顾虑太多；和性格内向的人交谈，你就要注意分寸，避免无意间伤了人。

说话看对象，还要看对方的心理状态。不同的人，心理状态各不相同，就算是同一个人，不同时刻的心理状态也各不相同。很多时候，一个人的心理状态不会明显地表露出来，此时就要学会洞察对方的心理，这样才能使你们之间的交流更有效。

著名的幽默大师告诫我们：要想顺利施展幽默，就要观察听众，因人而异，根据对方的身份职务、性格特点、心理状态等选择不同的幽默方式。一个真正的幽默大师，一定懂得以谦虚的姿态接受他人的各方面信息。

恰如其分地幽默赞美，对方更开心

　　任何人都喜欢正面的赞美，而不喜欢负面的批评。假如我们能真诚地赞美对方，并适当加入一些幽默的元素，不仅能让对方欣然笑纳你的赞美，更能迅速拉近彼此的距离。比如，你要称赞某位男士帅气，可以这样说："本来一直以自己的风流倜傥、玉树临风而自豪，一看你我就没这种感觉了！"

　　听了这话，对方必然会哈哈大笑。笑，具有无法想象的魔力，你只要能让他发笑，那么他就会反馈一些良性的回报，使我们更为自信、更有魅力，进而形成人际关系的良性循环。

　　一只乌鸦站在树枝上，嘴里叼着一块肉。狐狸被肉的香味吸引了过来，馋得一个劲儿流口水。为了得到那块肉，狐狸赔着笑脸讨好乌鸦："乌鸦先生，您的羽毛真漂亮，歌声真优美，它们应该封你为鸟类之王啊！"

　　乌鸦听了开心地大笑起来，这一笑肉就从嘴里掉了下来，狐狸在下面恰好接住。狐狸高兴地说："乌鸦先生，你笑口常开，我的好运就来啦！"

以前读这则寓言，大家一直专注于乌鸦的自大愚笨、狐狸的狡诈奸猾。其实，只要换个角度来看，你会发现这个小故事还有另外一层意思，它告诉我们：每个人都喜欢被赞美，赞美就像是一枚糖衣炮弹，我们任何人都无法招架。

拿破仑一生建功立业，却极其反感奉承的话，假如有人敢在他面前阿谀奉承，不仅讨不到任何好处，还可能会招致他的训斥。不过，凡事总有例外，他手下的一名士兵就聪明地发现了拿破仑的弱点，让他高兴地接受了自己的赞美。

这名士兵是这样说的："将军，虽然居功至伟，却最不喜欢奉承话，您真是值得我们学习的人啊！"仅仅是这样一句赞美，就让拿破仑笑逐颜开。

这名士兵之所以能够让拿破仑接受赞美，就在于他选对了切入点，并给这顶高帽设计了最佳尺寸。他清楚拿破仑的脾气禀性，知道他反感奉承，便从这一点入手，对他不喜奉承这一点加以赞美。这个赞美非常别出心裁，恐怕拿破仑的心里也为自己的这一点品质而沾沾自喜呢！这名士兵恰到好处地找准切入点，轻描淡写地说出赞美的话，自然能够"话半功倍"。由此可见，赞美一定要找准切入点，否则不仅很难让对方开心，还会让人家把你当成虚伪、爱奉承之人。

《调谑编》记载了一件关于苏东坡的趣事：

北宋诗人郭祥正有一次途经杭州，把自己写的一首诗拿去给苏轼鉴赏。可能是对诗作太过得意，郭祥正不等苏轼细看，就声情并茂地吟咏起来，直读得感情四溢，声闻左右。

读完诗后，郭祥正问苏轼："请问，这诗能评几分？"

苏轼不假思索地说："十分。"

郭祥正有点不敢相信，疑惑地问："苏老师，你不要客气，我这诗真的能得十分？"

苏轼点点头说："你刚才吟诗，七分来自读，三分来自诗，不是十分又是几分？"

从苏轼的评语来分析，郭祥正的诗恐怕并不是很好。但是，郭祥正能如此热衷于写诗，并全心投入地加以朗读，让苏轼也不想泼他的冷水，反而想适当地赞美他一下，以示鼓励。这种赞美自然不能太夸大其词，让郭祥正自己搞不清状况，所以苏轼给他打了个十分，但又告诉他这十分读占七分、诗占三分，使得这赞美有了一种再接再厉的鼓励意味。

生活中，假如你不得不说一些赞美话，千万不要咬紧牙关说谎，也没必要把对方吹得天花乱坠。倒不如向苏轼学学，小小地赞美一下，更多地给予鼓励，这比乱扣"高帽"式的赞美要受用得多。

当然，夸奖别人也不能无所顾忌，我们应该本着一颗真诚之心去夸奖别人，不要让别人觉得你言不由衷。另外，我们夸奖的内容应该是对方所在意的，就像那位士兵称赞拿破仑不喜奉承一样，必须把话说到对方的心坎里。比如，见到中年女性，我们可以称赞她们身材苗条、婀娜多姿；遇到老年人，我们就要称赞他们身体硬朗、精神矍铄，等等。最后，赞美一定不要太生硬，要加入适当的幽默作为润滑剂。

名人的幽默观

1.马克·吐温：幽默是永恒的财富

马克·吐温，原名塞姆·朗赫恩·克列门斯，出生于1835年，是美国的幽默大师、小说家、作家，也是著名演说家，被誉为"文学史上的林肯"。他的幽默、机智与名气，使他成为美国最知名人士之一。他交友广泛，迪士尼、魏伟德、尼古拉·特斯拉、海伦·凯勒、亨利·罗杰诸君都是他的好友。

书与割草机

一次，马克·吐温向邻居借一本书，邻居却对他说："可以，可以。不过我定了一条规则，从我的图书室借去的图书必须当场阅读。"

过了一星期，这位邻居向马克·吐温借用割草机，马克·吐温笑了笑，对他说："当然可以，毫无问题。但是我定了一条规则，从我家里借去的割草机只能在我的草地上使用。"

只好站着

马克·吐温曾到法国一个小城市旅行并发表演讲。一次，他独自到一家理发店理发。

理发师问："先生，您好像是刚从国外来的？"

马克·吐温答道："是的，我是第一次来这个地方。"

理发师说："您真走运，因为马克·吐温先生也在这里，今天晚上您可以去听他演讲。"

马克·吐温回答说："肯定要去。"

理发师问："先生，您有入场券吗？"

马克·吐温回答说："还没有。"

"这可太遗憾了！"理发师把双手摊开，遗憾地说，"那您只好从头至尾站着听了，因为那里不会有空位子。"

"对！"马克·吐温说，"和马克·吐温在一起真糟糕，他演讲我就只能永远站着。"

说谎

有一位批评家习惯吹毛求疵，经常指责马克·吐温在演讲时说谎。马克·吐温挖苦他说："如果您自己不会说谎，没有说谎的本事，对谎话是怎样说的一点知识都没有，您怎么能说我是说谎呢？只有在这方面经验丰富的人，才有权这样明目张胆地武断地说话。您没有这种经验，而且也不可能有。在这一方面，您是一窍不通又要充内行的人。"

2.萧伯纳：于幽默中秀出好口才

萧伯纳，爱尔兰剧作家。1925年，因其作品具有理想主义和人道主义而荣获诺贝尔文学奖。他是现代杰出的现实主义戏剧作家，也是世界著名的擅长幽默与讽刺的语言大师，还是积极的社会活动家。他支持妇女的权利，呼吁选举制度的根本变革，倡导收入平等，主张废除私有财产。

趣味不能相投

萧伯纳享誉世界后，美国电影巨头萨姆·高德温想从萧伯纳那儿买下其戏剧的电影拍摄权，于是找到他说："您的戏剧艺术价值很高，如果能把它们搬上银幕，全世界都会为之陶醉。"这位电影巨头表达了他对艺术的珍爱，萧伯纳听了很高兴。

不过，后来他们并未达成协议，原因是萧伯纳不满意萨姆·高德温给出的价格。当萨姆·高德温问为什么时，萧伯纳风趣地说："问题很简单，高德温先生，您只对艺术感兴趣，而我只对钱感兴趣。"

萧伯纳的赞誉

一个英国出版商想通过得到大文豪萧伯纳对他的赞誉来抬高自己的身价。他心想：要想得到萧伯纳的赞誉，必须先赞誉萧伯纳。

一个偶然的机会，他看到萧伯纳正在评论莎士比亚的作品，于是对他说："啊，先生，您又评论莎士比亚了。是的，从古到今，真正懂得莎士比亚的人太少了，算来算去，也只有两个。"

听到这里，萧伯纳已经明白了他的意思，想让他继续说下去。

那个出版商接着说："是的，只有两个人，这第一个自然是您萧伯纳先生了。可是，还有一个呢？您看他应该是谁？"

萧伯纳装糊涂说："那肯定是莎士比亚自己了。"

心碎而死

一次，好友帕特里克·马奥尼和萧伯纳夫妇闲聊，当他们谈到名人的爱憎纠葛时，马奥尼问萧伯纳夫人："您是怎样与您那吸引众多女性爱慕者的丈夫和平共处的？"

萧伯纳夫人没有直接回答，而是讲了一个故事。她说："在我们结婚以后不久，有一位女演员拼命追求我丈夫，她威胁说，假如见不到他，她就要自杀，她就会心碎……"

马奥尼问："那么，她有没有心碎而死？"

"确实如此，她死于心脏病。"萧伯纳插话说，"不过那是在50年以后。"

3.马云：幽默感成就社交力

在现代交际中，是否能说、是否说得好影响着一个人的成败。幽默是智慧与才华的显露。在平静的生活中，幽默是湖水中的涟漪；在豪迈的奋进中，幽默是激流中的浪花；在失败的困境中，幽默是黑夜里的星光。马云作为阿里巴巴集团的创始人，在公众场合的发言极富幽默感，有很多被人们视为经典。

不一样的承诺

马云在一次演讲时说："阿里巴巴公司不承诺任何人加入阿里巴巴会升官发财，因为升官发财、股票这些东西都是你自己努力的结果，但是我会承诺你在我们公司一定会很倒霉，很冤枉，干得很好领导还是不喜欢你，这些东西我都能承诺，但是你经历这些后出去一定满怀信心，可以自己创业，可以在任何一家公司做好，你会想：因为我阿里巴巴都待过，还怕你这样的公司？"

主要看性别

有一次，马云在香港开会，记者问："现在，你们公司资金这么少，如果竞争对手起来了，怎么才能保证你们公司活下去？你对'一山难容二虎'怎么看？"

马云："主要看性别。"

记者茫然。

马云接着说："我从来不认为'一山难容二虎'正确。如果一座山上有一只公老虎和一只母老虎，那样，就是和谐的。"

虚虚实实

在一次演讲时，马云说："我既要扔鞭炮，又要扔炸弹。扔鞭炮是为了吸引别人的注意，迷惑敌人；扔炸弹才是我真正的目的。不过，我可不会告诉你我什么时候扔鞭炮，什么时候扔炸弹。游戏就是要虚虚实实，这样才开心。如果你在游戏中感到很痛苦，那说明你的玩法选错了。"

4.丘吉尔：幽默是生活的调味剂

众所周知，多么高级的厨师做菜也少不了作料。虽然大多数作料没有什么营养价值，但是它能调剂人的口味，增强人的食欲，使人胃口大开。同理，幽默可谓生活中的作料佳品。德国著名学者海因·雷曼麦说得好："用幽默的方式说出严肃的真理，比直截了当地提出更能让人接受。"

英国首相丘吉尔不仅是一位声名卓著的政治家、军事家、外交家、作家、历史学家，也是一位机敏睿智的幽默大师。他思维敏捷，语言机智，常常用诙谐幽默的语言化被动为主动，维护自己的形象和声誉。由此，他被英国人亲切地称为"快乐的首相"。

祝贺生日

在丘吉尔75岁生日的茶会上，一名年轻的新闻记者对丘吉尔说："真希望明年还能来祝贺您的生日。"

丘吉尔拍拍年轻人的肩膀说："我看你身体这么壮，应该没有问题。"

去他的丘吉尔

丘吉尔是极富有幽默感的一位领袖，有一次他应邀去广播电台发表重要演讲。他叫来一辆计程车，对司机说："送我到BBC广播电台。"

"抱歉，我没空。"司机说，"我正要赶回家收听丘吉尔的演说。"

丘吉尔听了不禁大为惊喜，便随手掏了一英镑给司机。

司机这下来劲儿了，高兴地叫道："上来吧！去他的丘吉尔！"丘吉尔愣了一下，旋即大笑着随声附和："对，去他的丘吉尔！"

丘吉尔争当演员

美国影片公司要拍一部有关丘吉尔生平的电影，并征得了丘吉尔的同意。在这部影片中，要出现丘吉尔65岁和86岁时的镜头，由一位名叫查理斯·罗福顿的电影演员扮演这一角色。当丘吉尔知道罗福顿由于扮演这一角色，将获得一大笔费用时，他声称："第一，这个演员太胖；第二，他太年轻。与其让他去扮演可以得一大笔钱，倒不如由我自己来扮演更合适。这笔钱应该由我来赚。"

5.崔永元：幽默让人回味无穷

崔永元是一位非常著名的主持人，也是一个喜欢自嘲的人。面对大家的调侃，他敢于在众人面前自曝其短，说自己长得丑。他还是一位实话实说的主持人，也许正是他的这种勇气和幽默成就了他独特的"崔氏幽默"，缩短了他与大家之间的距离，让观众觉得他可亲、可爱。

"异常亲切"的长相

一次，崔永元荣获江苏大学生电影节"最受欢迎男主持人"称号，他不失时机地调侃自己说："大学生们之所以喜欢我，是因为我'异常亲切'的长相。他们可能觉得我的长相像身边的同学，而身材呢，则像他们的老师。正面看，像食堂的大师傅；背面看，却像她热恋中的男友。"这段话刚说出口，顿时赢得满堂喝彩。

方言很盛行

一位大学生问崔永元："都说你崔永元语言了得！你会说方言吗？我会多种方言，你敢和我比比吗？"（大学生说了广东话、客家话和闽南语，崔永元一句也听不懂，大学生非常得意。）

崔永元一本正经地问："请问你叫什么名字，哪个学校的，学校在什么地方，哪个班级，住哪个宿舍……"

大学生不解其意，问："你问这么详细干什么？"

崔永元风趣地回答说："啊！没什么，我回北京以后，抽个时间向国家语委报告，在广州的某个学校，有一个不提倡讲普通话的角落，方言很盛行，请他们来查查！"